U0170925

科学出版社"十四五"普通高等教育本科规划教材

人工智能鱼

主　编　　袁红春　　杨蒙召
副主编　　孔祥洪　　谢霞冰

科　学　出　版　社
北　京

内 容 简 介

本书将计算机技术和鱼类行为学相结合，研究人工智能鱼（虚拟鱼和仿生机器鱼）的仿真和研制，介绍仿生学的概况、鱼体的建模和形变、人工智能鱼的感知和认知、鱼的游泳行为和能力、鱼的典型行为规划和路径规划、鱼类群体行为学、鱼群-捕食者模型的仿真设计等主要内容，最后从虚拟鱼和机器鱼两个方面给出人工智能鱼的案例设计与分析，详细介绍 4 个案例的应用和实现。本书内容翔实，图文并茂，运用理论结合实践的方式介绍人工智能鱼的设计，具有一定的指导意义。

本书适合作为高等学校计算机、人工智能及相关专业本科课程的教材，也可以作为海洋类、水产类专业的选修教材，同时还可作为研究人工智能与海洋学科交叉融合的研究生教材。

图书在版编目（CIP）数据

人工智能鱼/袁红春，杨蒙召主编. —北京：科学出版社，2024.3
科学出版社"十四五"普通高等教育本科规划教材
ISBN 978-7-03-078292-2

Ⅰ. ①人… Ⅱ. ①袁… ②杨… Ⅲ. ①仿生机器人-高等学校-教材 Ⅳ. ①TP242

中国国家版本馆 CIP 数据核字（2024）第 057005 号

责任编辑：于海云 滕 云 / 责任校对：王 瑞
责任印制：师艳茹 / 封面设计：无极设计

科学出版社 出版
北京东黄城根北街 16 号
邮政编码：100717
http://www.sciencep.com

北京九州迅驰传媒文化有限公司印刷
科学出版社发行 各地新华书店经销
*
2024 年 3 月第 一 版 开本：787×1092 1/16
2024 年 3 月第一次印刷 印张：11
字数：261 000

定价：59.00 元
（如有印装质量问题，我社负责调换）

前　言

随着科学技术的深入发展和水产、海洋等领域应用需求的提升，对人工智能鱼的研究越来越受到相关人员的关注。人工智能鱼涉及计算机、机电控制、水产和海洋等交叉学科的研究，可分为由三维软件建模与仿真实现的仿生虚拟鱼，以及由物理材料、电机电路与传感器等组合研制的仿生机器鱼，是在形态结构、行为习性及功能机理等方面对真实鱼类进行全方位的仿生和设计。人工智能鱼的研究，为水产、海洋等领域的科学研究提供了一种全新的思路，具有重要的研究价值和应用前景。

本书详细介绍鱼体建模与形变、鱼的感知和认知、游泳行为和能力、行为和路径规划及群体行为学等，进而对鱼体、鱼群模型进行建模和仿生设计，期望能帮助读者更好地理解鱼体和鱼群的行为设计。

本书各章的主要内容安排如下：

第 1 章介绍仿生学、鱼类行为学和人工智能鱼仿生的相关知识，从虚拟鱼和机器鱼两个方面简要介绍人工智能鱼的研究进展，使读者能更好地进行本书的学习。

第 2 章梳理建模和形变相关的数理知识背景，介绍当前现有的几何建模和物理形变建模，并将两种建模方式进行组合及优化。

第 3 章分析鱼类的感知和认知能力及其建模方法，在此之上提出人工智能鱼的感知和认知的概念，并给出虚拟鱼感知与认知的仿真和设计。

第 4 章介绍鱼的游泳行为和能力，主要包括游泳方式、推进原理、效率和节能方式等。通过研究鱼类的游泳原理、游动方式、游泳速度和耐久力等，探索鱼类游泳能力的机理，构建鱼类游泳的行为模型，最后介绍虚拟鱼的局部波状模式设计和机器鱼的结构设计。

第 5 章介绍个体鱼的典型行为规划和路径规划及其相关算法，并对其进行仿真实现，最后模拟实现基于改进 A^* 算法的虚拟鱼路径规划案例。

第 6 章介绍鱼类集群的概念，介绍集群的原则和鱼群内部个体的行为反应，给出鱼群行为模型与功能设计，最后概述机器鱼集群及其应用。

第 7 章介绍一种鱼群-捕食者模型，分析 10 种典型的鱼群-捕食者行为，给出对应行为的伪代码，最后基于鱼群-捕食者模型给出一个实现案例。

第 8 章介绍 4 个人工智能鱼案例，通过编写代码、上机实操、软硬件设计的方式，引导读者从虚拟鱼和机器鱼两个方面更深入地理解如何设计人工智能鱼。

本书由上海海洋大学信息学院袁红春教授负责统稿，杨蒙召老师协助完成审阅修订；孔祥洪、谢霞冰等多位老师为本书的研究成果和内容撰写做出了重要贡献。特别感谢周应祺教授长期以来对人工智能鱼研究的关心和支持，他为本书提供了许多实际性和前瞻性的建议和指导。另外，人工智能鱼实验室信佳、李春桥、黄政、赵华龙、肖智豪、何勇、白宝来、黄梓阳、曹奕、史经伟、金涛涛等多名研究生参与了本书相关材料的整理工作，科学出版社的编辑为本书的出版做了大量工作，提出了很多宝贵的修改意见。在此一并表示衷心的感谢。

限于篇幅，加之作者水平有限，书中难免存有疏漏之处，恳请读者批评指正。如果读者对本书有任何建议和意见，可以通过电子邮箱 hcyuan@126.com 联系我们。

作　者

2023 年 9 月

目　录

第1章 绪 论

地球表面的70%都被深邃的海洋所包围，人们利用人工智能和先进的仿生技术对海洋及鱼类进行仿生，可以激发大家对海洋的趣味感、好奇心和关注度，从而更好地引导大家了解鱼类的行为习性，深入地探索海洋的资源环境。

1.1 仿生学的概念与应用

1.1.1 仿生学的定义

一般认为，1960年在美国俄亥俄州达顿城召开的第一届仿生学讨论会是仿生学诞生的标志，在该会议上美国科学家斯蒂尔将这一学科命名为Bionics，前缀"bio-"表示"生命"，后缀"-ics"表示"学科"。他认为，仿生学是研究模仿生物系统方式，或是以具有生物系统特征的方式，或是以类似于生物系统方式的系统科学。1963年，我国将Bionics译为"仿生学"，它可以定义为研究生物系统的结构、性质、原理、行为及相互作用，从而为工程技术提供新的设计思想、工作原理和系统构成的科学技术。

仿生学的含义可以从广义和狭义两个方面理解。从广义上讲，仿生学这门学科研究生物系统各种各样的特征(包括物质、能量和信息等)，作为模拟对象逐步改善现代技术设备并创造新的工艺技术；从狭义上讲，仿生学是研究生物接收、传递和加工信息的方法及其机制，作为模拟对象，设计各种各样自控机的科学。仿生学的起源最早可以追溯到远古时代，随后在工业时代、信息时代及知识时代继续发展。

1. 远古时代

人类处于农牧(渔)时代，人类的祖先模仿蜘蛛网编网捕鱼；受果实和瓢虫滚动的启发，发明了车轮。

2. 工业时代

人们模仿植物和动物结构，创造了新的建筑结构；模仿鸟的飞翔发明了飞机；模仿人与动物发明了机器人；模仿海豚发明了潜艇。

3. 信息时代

人们模仿人的运算发明了计算机；模仿生物的信息传感发明了传感器。

4. 知识时代

人们模仿生命的微观结构与功能；模仿生命的遗传与发育；模仿人脑的认知；模仿生命的协同进化。

仿生学是受自然启发的创新，这就类似于一个观察树叶光合作用的过程，并试图找出制造更好的太阳能电池的方法。它在设计学科中变得流行，主要是因为人们要寻找更可持续的方法来实现某些目标，而生物体知道如何做到这一点。在漫长的岁月中，生物学会了什么是有效的，什么是适合这个星球的，这就是那些试图重新设计世界的人正在寻找的东西，人们在仿生学中所做的就是将生物学家引入设计中。自然界是如何储存液体的？大自然是如何防水的？神奇莫利定律说自然界中所有的分支结构，包括人类的肺，都遵循同一个数学公式。例如，任何一片叶子和叶子上的脉络，都会让我们看到世界上最好的水分配网络。

1.1.2 仿生学的基本要素

仿生学主要包括仿生需求、仿生模本、仿生模拟和仿生制品 4 个基本要素。

1. 仿生需求

由于生存与发展的需要，人类对这个世界有了更高的追求，进而产生了许多需求。

1）生存需求

生存需求的不断增长，促进着人类在各种实践中不断地观察自然界，在历经了实际需求、生物模仿、大胆实践、惨痛失败、经验总结和创造模拟等众多环节后，人类对多种工具和机器的发明和创造由简单发展到复杂，由粗糙发展到精细。

2）健康需求

为了人类健康需求，衍生出了"电疗"、麻沸散、五禽戏、仿生器官和仿生保健等方法和手段。

3）军事需求

为了应对军事需求，人们通过对动物的观察创造了许多形象逼真的战术，进而衍生出了相关的武器装备和战略战术等。

4）发展需求

自然界中许多生物拥有独特超强的感知系统，如视觉、听觉、味觉和触觉等，其敏锐程度远远超越人类。人类模仿生物优异的功能特性，开展与之相关的仿生，并开发出各种仪器设备，为人类的生活带来了极大的便利。生物可以被看作具有生命特征的高度智能化的机械，在与其周围环境相互作用的过程中，呈现了多种功能特性，如减阻、脱附、自洁、耐磨、抗疲劳和消声降噪等。自然界中有许多生物进化出了比人类优异的运动本领，人类模仿生物行走、奔跑、跳跃、游泳和飞行等运动形式，发明了能上天入地、潜海，以及在人类无法活动的地方畅行无阻的仿生机械与仿生机器人。

5）兴趣需求

人类由于对探索生物奥秘的兴趣、对自然生物的喜爱、对生物奇异功能的好奇和对生物特殊能力的向往，产生了那些对人类和社会具有巨大价值的仿生发明与创造。

2. 仿生模本

仿生模本主要分为生物模本、生活模本及生境模本。

1) 生物模本

自然界中的生物种类繁多，包括动物、植物和微生物，都可以作为仿生模本供各行各业的人们进行仿生研究，进而发明和创造出更好的、接近于生物系统的仿生制品。

2) 生活模本

人类在研究生物功能特性的基础上，开始把目光投向人类自身的生活，开展对人类生命形态的仿生探索，以人类自身的生活原理、文化行为和思维哲理为模本，进行人类自然生命(生理)和精神生命(心理和心灵)的仿生研究。

3) 生境模本

人类与生物赖以生存的环境(生境)，特别是生境中所呈现出的奇特自然现象和自然环境等，也是仿生学的重要模本。

3. 仿生模拟

仿生模拟有形似和神似两个方面。形似模拟主要是指模仿生物形态(形貌)、结构、材料和形体(形状和构形)等因素而开展的仿生设计；神似模拟是模仿生物多因素相互耦合、相互协同作用的原理而开展的仿生，其在形似模拟的基础上更注重对生物功能原理与规律的探究。

4. 仿生制品

仿生制品主要包括非生命仿生制品、包含生命零部件的仿生制品及具有完整生命的仿生制品。非生命仿生制品是应用于科学、技术、工程、人文及社科等领域的传统仿生产品，属于纯人工技术制品；包含生命零部件的仿生制品即在仿生制品中包含生命活体元素或仿生制品是生命体的组成部分，并随着仿生学与生命科学、医学和药学等交叉渗透愈益深入；具有完整生命的仿生制品具有与模本相似的生命特征，且与人类或生物具有极佳的相容性，是能够替代模本去执行相应功能的仿生制品。

1.1.3 仿生学与科技创新

科学是反映现实世界客观规律的知识体系，科学研究的动力来源于求知欲和好奇心(事实)，对事物变化规律的探究(规则)，以及新方法、新工具与新问题。科学的目的是求知和求真。技术的目的在于满足需求和市场的竞争，其动力来源于人们通过实践经验积累创造出的欲望，来源于科学发现所引发的技术创新，创造的新工艺、新方法、新产品和新体系，来源于对自然界生物结构、功能、行为及相互作用的学习与模仿，来源于需求与市场竞争的推动。

人的创造欲是科技创新的根本动力，自然和社会是认知和创新服务的对象，也是学习的最好老师。近代以来，人们利用仿生学制造了许多对人类有重要意义的成果，例如，基于鲨鱼真皮肋间肌的减阻原理制造的仿鲨鱼皮泳装；根据蜘蛛织网原理发明了渔网；模仿鸟类翅膀的剖面制造飞机的翼型；模仿墨鱼的运动原理发明了喷气式推进。

仿生学是生命科学、物质科学、信息科学、脑与认知科学、工程技术、数学与力学及系统科学的交叉学科，它的应用涉及所有技术领域和大多数应用领域。自然科学的迅速发展，使得模仿生物创造出来的新仪器及新设备也日益增多，例如，雷达、响尾蛇导弹和电子计算机等。另外，生物学、物理学、生物化学和控制论工程等学科相互关联、相互渗透，使仿生学上升到新的层次。与此同时，仿生学在海洋领域也迅速发展，特别是受到鱼类生物运动和仿生学的启发，人们在双电和流体动力学领域进行了广泛的研究，包括涡轮叶片、柔性螺旋桨、鳍式流体动力学和仿生鱼的设计等。仿生鱼具有高效的水动力游泳方式，在学术和工业领域尤其受到关注，比如：仿生鱼在水下探测和救援任务中已经具有不可替代的作用。影响仿生鱼性能的因素包括鱼的外部形状设计和设备外壳的材料等，而仿生鱼的机动性主要取决于螺旋桨系统的性能，螺旋桨系统的性能又取决于周围流体的水力能否有效利用，因此，还有必要研究游动鱼类与其周围流体之间的相互作用。

1.2 鱼类行为学及其研究内容

1.2.1 行为学定义与研究内容

动物要产生行为，需要环境的刺激，行为是对外界环境刺激适应的一种反应。动物对外界环境的适应主要通过 3 种方式，包括遗传适应、生理机制变化及行为变化。这 3 种方式中动物行为变化或者说行为的产生是最直接、最迅速的。

人类对于动物行为的了解很早就出现了。例如：在我国的谚语中曾提到"泥鳅跳，雨来到，泥鳅静，天气晴""燕子低飞要落雨""鱼儿出水跳，风雨就来到"等，这些谚语都说明了环境的变化可以直接通过动物的行为反映出来。实际上，对于动物行为学的研究很早就开始了，早在 17 世纪，欧洲的很多研究学者就开始对动物的行为进行模仿和观察。用科学的方法对动物的行为加以观察和研究，使之成为一门独立的学科是 20 世纪后半期的事，突出的标志是诺贝尔生理学医学奖被授予 3 位研究动物行为的学者，该事件标志着现代动物行为学的确立。

在自然界中，多样的物种共同生活在一起，通过漫长的优胜劣汰，形成了各自的觅食和生存方式。但是动物一般不具有人类复杂的逻辑思维和判断能力，它们只具有简单的行为能力，这些为人类解决问题的思路带来了不少的启发和鼓舞。

对于动物行为学的研究最早可以分为两个学派：行为生物学派和实验心理学派，它们的代表人物分别为 Konrad Lorenz 和 Niko Tinbergen。这两个学派代表了研究的不同内容和目标，一个在欧洲，一个在北美洲。行为生物学派主要研究动物的先天性行为，实验心理学派主要研究哺乳动物的学习行为。随着学科的发展，学科与学科之间出现了交叉，形成了许多新的研究方向，包括生态行为学、行为生理学、行为遗传学、行为发生学及人类行为学。之后，随着应用学科的兴起，出现了应用家畜行为学和应用鱼类行为学。

行为是指动物的动作或动作的变化，是动物个体在生活中对一定刺激表现出的反应，对内在和外界条件间的关系予以调整，以对周围的生物或非生物环境做出动态适应。鱼类行为是鱼类等水生动物受外界或内在环境变化和刺激下的行为反应，它包括鱼类的运动、洄游、觅食、求偶、逃避和进攻，以及体色改变等。鱼类行为除了与自身生理状态及生活习性有关外，也会受到环境因子(如潮汐、温度和饵料等)的影响。鱼类行为学是研究鱼类行为规律和行为能力的学科，属于动物行为学的范围。从整体上来说可以分为个体行为学和群体行为学。个体行为包括游泳行为和鱼的各种反应和感觉等；群体行为主要指的是鱼的集群行为。鱼类行为学研究的主要分支有鱼类行为的模式，鱼类行为的进化史及生物学意义，鱼类行为的由来、遗传和变异的规律，行为发生学，行为的生理机制和行为模拟仿真。

从应用角度来看，鱼类行为学研究内容可大致分为 4 类。

1）与生理学和生态学相关的

主要研究各种水生生物的相互关系，包括鱼类的生殖行为、摄食行为和躲避敌害等行为能力。

2）与鱼类资源学相关的

研究鱼类垂直洄游聚散、季节性洄游、时空分布及群体的结构和动态分布等。

3）与捕捞学相关的

重点研究鱼类或鱼群对渔具渔法的行为反应和行为能力，以及改进捕捞技术的途径。

4）与信息技术相关的

重点研究如何用信息技术模拟群体行为、自组织结构与鱼类空间分布等。

鱼类行为学是仿生学研究的重要部分，研究鱼类行为学的目的和意义在于使生产中采用的渔具渔法更适应鱼类的行为反应，从而提高生产效率、降低消耗，有效地利用渔业资源，为设计生态友好的和具有选择性高的渔具渔法提供基础数据，为科学合理地开发渔业资源和渔业可持续发展提供技术支持，为渔业工程如人工鱼礁和网箱设计制造提供基础数据及物种的生态关系的信息等，为仿生学提供基础知识及探索发展新科技的途径。

1.2.2 鱼类行为分析

随着科技的不断进步，鱼类行为学也繁荣发展。鱼类会通过感觉系统接收环境中各种各样的信息，经过神经系统分析和处理，从而做出恰当的行为反应。本节主要从游动模块、避让行为及集群行为 3 个方面分析鱼类行为。

1. 游动模块分析

身体的摆动或者尾部的摆动是鱼类在水下游动的主要动力来源。根据鱼类游动动力部位的不同，即摆动的身体位置不同，可以把鱼类游动分为身体和尾鳍推进模式（body and/or caudal fin, BCF）与中鳍和腹鳍推进模式（median and/or paired fin, MPF）。BCF 模式是指鱼类游动的主要动力来源是全身的摆动或尾鳍的摆动，通常使用这种全身的摆动或尾鳍的摆动方式游动的鱼类的体型都是条形状的。MPF 模式是指那些主要依靠胸鳍、背鳍或腹鳍的摆动来获取前行或者转弯能力的鱼类的游动，使用这种方式游动的鱼通常具有发达的胸鳍、背鳍或腹鳍。鱼类通过身体的波动与周围水的相互作用产生所需的推力，使其向前游动。在鱼游动时，身体分为两个部分，相对不灵活的前体部分和通常平坦灵活的后部，由于这种组合，沿着身体向后发送的波动仅在后部达到显著的幅度。根据这些信息可以分析出参数之间的一些重要关系，如频率、波长、尾部振幅和达到的游泳速度或产生的推力，这些关系实现了鱼的游动。

2. 避让行为分析

在真实场景中，鱼移动时经常会遇到很多不同的障碍物，它会依据实际情况及时做出避让反应。例如，当一群鱼在水中游动时，遇到礁石或其他游动的生物就会有躲避的行为。障碍物在场景中的存在形式也各有不同。有些障碍物是静态存在的，在虚拟场景中可以预判到它的存在，那么最简单的方式就是提前设置路径，让鱼绕过障碍物直行；但也会有动态随机出现的障碍物，这就需要实时碰撞检测功能，根据检测结果生成适当的回避行为。

3. 集群行为分析

鱼群的集群行为是自下而上的，由局部信息的交流发展成集体决策。例如，一群由上万条沙丁鱼组成的鱼群，当遭遇捕食者攻击时，最早做出躲避行为的是集群外围首先发现捕食者的几个零星沙丁鱼。当这些沙丁鱼的异常行为被其他伙伴察觉后，它们也会模仿这些沙丁鱼，做出躲避行为，于是一传十，十传百，躲避行为就在集群内不断重复和扩散，从而能让整个沙丁鱼集群表现出躲避行为，从而由个体决策发展成群体决策。鱼群对外界环境的反应都是自组织的，即集群没有一个领导者下指令，集群中每个个体都能按照某种统一的规则形成一定的行为，这种自组织的行为已引起科学家们的广泛关注。科学家们对鸟类、昆虫和鱼群等自组织群体的观察研究结果表明，这样的自组织群体往往有以下几个特点：

(1) 集群包含了数量庞大的个体；

(2) 集群中的每个个体只能与周围的伙伴个体交流信息；

(3) 集群的活动不需要一个领导者来发号施令，而仅仅依靠个体间的局部交流，随着信息在集群中扩散，每个个体也仅仅对自己接收到的信息做出回应。

集群是众多个体鱼集合成鱼群的行为，大量共同移动的且难以分辨的个体鱼聚集而产生"聚合效应"具有隐藏庇护的效果，相比下，孤立的个体鱼更易受到攻击。同单独的个体鱼相比，鱼群中的个体鱼被"稀释"，这使得鱼群中的个体鱼被攻击的可能性降低。另外，鱼群中的"多眼"效应比单独的个体鱼更容易发现较远的捕食者，所以鱼群具有更快地获取食物来源信息，提高觅食效率，节省个体鱼的能量消耗、降低游泳阻力、增强适应能力等优势。

集群是大多数鱼类，尤其洄游性鱼类生活周期中的重要行为之一。密集的鱼群给捕食者以"大生物体"的印象，不仅会迷惑捕食者，而且还会给捕食者捕食造成物理性困难。这一点可从"鲱鱼球"的观察中得到证实。例如，当鲱鱼遭受像大马哈鱼之类的捕食者进攻时，它们便挤成一团形成"鲱鱼球"，捕食者只好逃离或推迟进攻的时间。如果最后捕食者进攻鱼团，也只是捕食分散的少量个体，其他鲱鱼则会趁机逃跑。

1.2.3 鱼类行为与环境的关系

鱼类的环境是指围绕着鱼类周围的一切，它包括生物因子和非生物因子。某种鱼类能够繁衍生存至今，说明它已经适应了所生存的环境。一方面，当环境条件的变动超出物种形成和繁衍历史的范围，必将引起这种鱼类的灭亡；另一方面，鱼类本身也对生存的环境产生影响，在它的生命活动中也改变着自身所生活的环境。例如：生活在湖泊中的草鱼，由于它的食草特性，对湖泊的水生高等植物有直接的影响，它的排泄物促进了浮游植物的繁殖，与此同时，还引发了湖泊其他环境条件的变化。所以，这些因素的变动，反过来又会影响草鱼的生活。

自然界各种各样的非生物因子都和鱼类生活有着直接或间接的关系。不同种鱼类或同种鱼类处于不同生理状况下的个体，对于各种非生物因子变动的反应也存在差异。鱼类能够形成群体，在各种环境中生存和繁衍，是因为它们在进化过程中，发展和具备了各种完善的通信系统及其信号。鱼类群体内各成员间经常进行协调和传递信息，化学通信是最常见和最重要的一种形式。各种鱼类发光的色泽互不相同，可用来识别同种的信号，帮助种群维持在一起，这对于鱼类集群，在生殖时显得尤为重要。实际上鱼类所放出的电流，不仅是为了防御和摄食，对它们的生存竞争和生殖繁衍等也具有同等重要的作用。电流信号用来指挥鱼类的行动。

我国渔民在长期的生产实践中，总结记录了许多鱼类的发声特点，比如：大、小黄鱼集群时发出咕咕声，叫声像一声声犬吠；鮟鱇鱼的声音像老人的咳嗽声；比目鱼类的声音变化无常，有时像轻按大风琴的低音键，有时像洪亮的钟声，有时像铜铃叮叮的响声；等等。鱼类的发声，有些是无意产生的，如游泳和摄食活动的声音；有些则是故意发声，如前面所说的大、小黄鱼的咕咕声，是它们生殖洄游而发出的同类识别的声音。

鱼类洄游是鱼类因生理要求、遗传和外界环境因素等影响，引起周期性的定向往返移动现象。洄游是鱼类在生长发育过程中形成的一种特征，是鱼类对环境的一种长期适应的结果，它能使种群获得更有利的生存条件，更好地繁衍后代。鱼类洄游的起始，既取决于鱼自身的状态，也取决于周围环境条件的影响，例如，鱼性腺成熟所分泌的性激素刺激神经系统兴奋而产生生殖要求，故而洄游。环境条件的变化则是开始生殖洄游的天然刺激信号，例如，温带地区达到一定丰满度的鱼，环境温度下降的天然刺激就成为开始越冬洄游的信号。多数鱼类如果性腺发育不良，即使已经达到生殖年龄，外界环境刺激也足够强烈，也仍不会产生生殖洄游的要求。

环境条件中以水温、水流和水化学等的影响最为显著。水温回升快，开始生殖洄游就早。水温的变化会影响饵料生物的发生和分布，从而影响鱼类的索饵洄游，而秋末水温下降的迟早与快慢直接影响越冬洄游的开始时间和洄游速度。水温下降对于越冬洄游有重要影响，而水温上升对于索饵洄游具有重要作用。水流是被动洄游和主动洄游的主导因素，水流把鱼卵和幼鱼携带着远离出生地，形成成鱼回归性洄游。长江中上游的水流对于四大家鱼的生殖洄游和产卵活动具有决定性的意义，如引导鳗鲡游向产卵场的重要因素可能是水流中的盐度和适宜的温度。

1.2.4 鱼类感觉系统与行为能力

鱼类的感觉系统会受到外界刺激因素的影响，如温度、水深、压力和水流强度等。鱼类的感觉器官主要有眼、侧线、鱼鳔、耳和鼻等。其中，侧线可以感受外界的温度、水深、压力、水流强度及震动等，它对温度非常敏感，可以感受到的最小温差在 0.03℃左右，这点远远高于人类的感觉能力，所以侧线是鱼类重要的感觉器官。

那么，有了外界的刺激和感觉器官，行为又是如何产生的呢？行为产生的基本过程如图 1.1 所示。首先要有一个外界或内部的刺激，这个刺激包括外界环境中的光、声音、化学刺激和水流刺激，或者是鱼内在机能的变化，刺激强度的不同可能会影响鱼的不同行为。当刺激传递到感觉器官时，有一个感觉阈值和灵敏度的问题。例如，鱼类的眼睛能感觉到光的变化，而光的变化有一个最小的阈值，也就是说鱼类的眼睛能够感受到最小的光强度值；同时鱼眼会根据光的变化展现出不同的灵敏度。鱼类感觉阈值和灵敏度也关系到它们是否能产生对应的行为。当刺激进一步传递到神经系统中时，鱼类就会感觉出刺激源的方向和方位，判断危险性并引发条件反射及本能反应。当这种刺激从神经系统继续往下传递时就会产生不同的运动生理和运动方式，例如，传递到鱼的鳍和肌肉，因不同的运动方式，使得它们消耗蛋白质的方式也不同；基于其运动生理和方式，鱼最终会表现出游速的变化、视觉的反馈、对颜色和声频的响应以及运动方向的改变等外在行为。

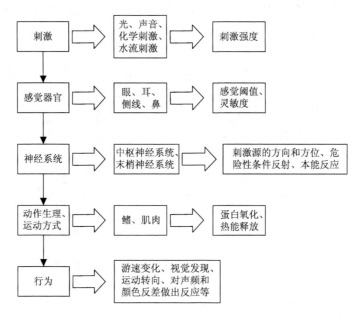

图 1.1 鱼类行为产生的基本过程

除了环境的刺激，鱼类的行为特性与它的生态特性和生物学特性一样，也受到遗传的影响。将其按照特定的行为特性进行分类可以分为以下几种。

1) 按照因果关系

将同一诱导因素引起的活动归为一类，如：性行为和对抗行为等。

2) 按行为的功能

将根据同一功能与目的而进行的活动归为一类，如：觅食行为、洄游行为、栖息地领域行为、摄食行为和群体行为等。

3) 按历史因素或发生学的观点

将具有同一起源的行为划为一类，如：定型(固定的)行为、趋同和趋异行为等。

4) 按先天性和后天性

分为先天性行为和后天性行为。例如，趋性和反射属于先天性行为；而后天性行为主要包含学习行为和推理行为。

5) 按触发行动的因子

分为反应行动和自发行动。

6) 按对环境的适应性

分为适应性的行动和可变性的行动。

7)按对刺激产生的反应和行动的条件

分为条件行动和学习行动。

8)按个体数量

分为个体行为和群体行为。群体行为主要是指鱼类的集群行为。

9)按动性

分为直线运动和掉转运动。

10)按趋性

分为趋动性、趋光性、趋流性、趋化性、趋触性、趋地性等。

下面重点介绍按趋性分类的行为特征。

鱼类的趋性是指自由运动的动物受到外界物理或化学因素的刺激,朝向一定方向运动,这种反应称为趋性。趋性是适应性行为的最简单方式,例如,鱼类的趋向光源行动(正趋光性)或背离光源行动(负趋光性)。趋性属于定型反应,是本能行为中最简单的一种。鱼类的觅食行为虽然也是一种定向行动反应,但复杂的觅食行为夹杂着大量的习得成分,因而不被视为趋性行为。趋性要求相关动物具有感受性和反应性,因而趋性必须依靠动物的神经系统和肌肉来完成。趋性行为是一种遗传性状,是因其具有适应意义而被自然选择所保留下来的,如每种鱼类都只能生活在一定的温度和湿度范围内,与此相应存在着正的或负的趋温性和趋湿性。以下介绍几种主要的鱼类的趋性。

1)趋动性(视觉运动反应)

趋动性是鱼类为了将其视野内的运动目标保留在视网膜上的一点而产生的一种移动反应。当目标不断运动时,鱼类想要把目标保持在视网膜上,就需要其产生一种跟随性的、补偿性的运动。视觉运动反应是一种先天性行为,只要条件具备就能够诱发反应。趋动性在鱼类趋流、集群、空间定向、捕食和防御等行为中起着重要作用。

视觉运动反应主要包含局部性的视觉运动反应和全身性的视觉运动反应。局部性的视觉运动反应是身体不发生移动,眼睛随视觉运动物标移动。此类鱼具有较发达的触觉、嗅觉和侧线器官,白天很少活动,潜伏于水的底层,只用眼睛跟随运动物标转动,如鰕虎鱼等仅存在局部性的视觉运动反应。全身性的视觉运动反应是身体随视野内的运动物标而发生移动。具有全身性视觉运动反应的鱼类,一般为表层或喜流性的沿岸种类,视觉在其空间定位中起着主导作用。通常所说的视觉运动反应,多数指全身性的视觉运动反应,如鲫鱼和鳀鱼等。

视觉运动反应是一种非条件反射,是先天性的、生来就有的行为。视觉运动反应的产生是由鱼类的保目标性所引起的,当处于视野内的目标运动时,鱼类为了使目标持续地保留在视网膜上的一点,因而产生视觉运动反应。鱼类视觉运动反应的产生和消失可以分为追随目标运动阶段、往复游动阶段及平静不动或漫游阶段。追随目标运动是典型的视觉运动反应,此时目标运动速度较慢,运动频率低于鱼眼的临界闪烁融合频率,鱼可以清楚地辨别目标运动的方向,而为了让运动目标尽可能地保留在视网膜的固定点上,鱼必须做出补偿运动。往复游动是加快目标的运动速度,使运动频率接近于鱼眼的临界闪烁融合频率时,鱼可感觉到目标的运动,但不能辨别目标的运动方向,为了辨别方向,鱼类出现来回游动反应。平静不动或慢游是继续加快目标的运动速度,使运动频率大于鱼眼的临界闪烁融合频率时,鱼对运动目标的感觉作用消失,感觉不到目标的运动,出现平静不动或漫游反应。

随着运动目标速度的差异，鱼类产生运动的反应是不同的，差异主要体现在鱼类的临界闪烁融合频率和目标运动频率之间的关系上。鱼类视觉运动反应在生物学上有着重大的意义，视觉运动反应在鱼类集群行为机制上有很大的作用。影响鱼类视觉运动反应的生物因素包括鱼类的生长发育阶段及本身的生理状态等；非生物因素包括目标的结构特征、目标的运动速度、目标与鱼的相对位置、照明条件、目标的颜色(与周围颜色的对比度)、水温的变化和水流等。

在现实生活或鱼类行为学研究中，可以利用视觉运动反应研究鱼类的视觉机能，例如利用视觉运动反应方法研究鱼类的光刺激阈值。将鱼放进玻璃容器内，然后旋转条纹屏幕，在一定的条件下鱼便会跟随条纹游动。改变屏幕旋转方向，鱼的游动方向也会随之改变。逐渐降低光的照度，可以得到鱼的光刺激阈值，此时它会停止跟随条纹屏幕游动。值得指出的是，利用此方法得出的照度阈值与条纹宽度、间隔、旋转速度和光的波长等因素有密切关系，所以需要反复实验。还可以利用视觉运动反应方法研究鱼类的运动感觉的特点，在其他条件保持不变的情况下，改变条纹屏幕的旋转速度，可以测得临界闪烁融合频率，这时鱼会因眼睛产生闪烁融合现象而使视觉运动反应消失，按此方法可测得各种波长光在不同照度下的临界闪烁融合频率。同时根据临界闪烁融合频率和照度的关系曲线，可以分析鱼类的视网膜从暗适应状态过渡到明适应状态的环境照度。

视觉运动反应在渔业中也有着极其重要的应用。捕捞业的拖网作业中，可以减弱或消除鱼类对渔具的视觉运动反应，使鱼类顺利进入网，这种方法主要是增加拖速，使之接近临界闪烁融合频率，减小渔具与水环境的对比度。另外，在修建水利工程设施时，根据视觉运动反应，拦截引导鱼类进入安全水域，这是利用移动网栅和移动物标拦截引导鱼类。还可以利用视觉运动反应增强幼鱼体质，提高成活率，主要方法是在鱼塘内设置移动网栅，使幼鱼形成群体，跟随移动网栅运动，锻炼体质，提高幼鱼成活率。

2)趋光性

趋光性是鱼类对光刺激产生定向运动的特性，包括正趋光性和负趋光性。利用鱼类的趋光性，可以配合使用某些渔具提高渔获量。具有正趋光性的水产经济动物有竹刀鱼、红背圆鲹、斑鲦、太平洋柔鱼、玉筋鱼、青鳞鱼、蟹、日本对虾、日本鲈、日本单鲔鱼和金枪鱼等。

鱼类对光刺激的反应有好奇性、适宜照度、索饵集群、条件反射、强制运动、迷惑和本能等种种假说。鱼的趋光过程可分两个阶段：第一阶段是鱼受光刺激后，游近光源周围；第二阶段是鱼滞留在光源下游动。但趋光的鱼群，过了一段时间后，会因对光的适应、疲劳及环境的变化等原因而离开光源游去。某些无趋光性成鱼，在其幼鱼期也有趋光反应，如入海期的香鱼、鳗鲡及欧洲鳕鱼的幼鱼等。同一种鱼类，其趋光性也随发育阶段、雌雄性别、摄食量和鱼鳔结构而异，如幼鱼期比成鱼期趋光性明显，怀卵期的竹刀鱼趋光性减弱，摄食量少时容易被光诱集。

3)趋流性

鱼类会根据水流的流向和流速随时调整自身的游向和游速，使自身保持逆流游泳状态或长时间停留在某一特定位置。鱼类的这种特性是因水压作用，由视觉和触觉等因素而综合引起的，并与栖息的自然水域环境有密切关系。一般而言，大洋性洄游的鱼类，在水流较急水域中的河川鱼类,其趋流性都较强,如沙丁鱼、金枪鱼和史氏鲟等。研究鱼类趋流行为,可以为设计鱼道及确定拖网速度等提供依据。大部分鱼类的生活都不同程度地与水流有关。趋流性在鱼类的洄游过程中有重要意义,现在普遍认为,鱼类的趋流性是由视觉、触觉和水流感觉共同作用所决定的,它们靠视觉运动反应在水流中的定位作用而趋流,靠身体接触水底摩擦产生触觉而趋流,靠侧线感觉水流的压力来控制游速,顺流而行的鱼一旦碰到水底或接触到漂来的物体就会立即采取趋流行为。

4)趋化性

趋化性是鱼类靠嗅觉接触饵料,以环境媒介物中的化学物质浓度差为刺激源,使鱼类产生定向行动的特性。鱼类会通过嗅觉器官,感受化学刺激源浓度的空间和时间变化,沿着刺激源浓度梯度显示的方向性行动,游向刺激源的称为正趋化性,游离刺激源的称为负趋化性。趋化行为不是所有的鱼类都具备的,这取决于鱼类嗅觉的敏感程度。一般地说,鱼类在刺激源的附近,浓度梯度大的时候,才出现趋化行为,高浓度刺激源会使鱼类行动范围小而游速快,低浓度刺激源会使鱼类行动范围大而游速慢。鱼类以其对化学物质的感受性发现异性、警戒敌害或食物的行动,不属于趋化性范围。鱼类获取饵料生物的行为,有时难以区分是嗅觉的作用还是视觉的作用,常常是两者兼而有之。例如,在钓具捕鱼中,钓线的上下移动,使饵料气味易于渗出和扩散,同时又刺激鱼类视觉,使之捕食咬钩而被人钓获。鱼类的趋化性不仅可以用于钓捕作业,还可以用于笼捕作业。

5)趋触性

有些鱼类具有接触固体刺激的特性,称为趋触性。比如,章鱼习惯吸附于岩礁和洞穴等固体物(章鱼壶),鳗鲡习惯将身体接触于狭窄的间隙(鳗鲡筒),多数鱼类习惯集群于水下的固体物周围(人工鱼礁)等。人工鱼礁主要是人为地将一些固体物或构造物投放于水底,起到增殖和保护鱼类的功能。在如今渔业环境衰退的条件下,人工鱼礁是修复海洋环境、增殖渔业资源非常重要的一个手段。鱼礁聚集鱼群原理学说主要包括以下几个方面。

阴影效果说——鱼类寻找鱼礁形成的阴影而集群。

饵料效果说——鱼礁区生长着各种生物,饵料丰富,鱼类为摄食而集群。

本能说——鱼聚集于鱼礁是鱼的本能。

涡流效果说——鱼礁区潮流的变化和涡流的产生引起浮游生物集合,促使鱼类聚集。

音响效果说——鱼礁区水流带来声音产生作用,使鱼类聚集。

趋触性学说——鱼类为了接触物体而聚集。

逃避目标说——鱼类为了逃避危险物而聚集于鱼礁。

6)趋地性

鱼类定位于重力方向的特性被称为趋地性或趋重性。鱼类通过中枢神经系统对刺激作用有规律的反应,称为反射,反射分为非条件反射和条件反射。短暂的防御行为、模仿行为和探究行为就是鱼类几种特殊的非条件反射行为。非条件反射是外界刺激和行为反应之间的固有联系,不易受其他条件的影响而变化,是一种较为低级的神经调节方式。非条件反射属于先天性行为,是动物生来就有的,在系统的发育过程中形成并遗传下来的,而且是比较稳定的,在相应的刺激下,不需要后天的训练就会产生非条件反射行为。非条件反射和趋性比较相似,它们的区别在于非条件反射的产生必须有中枢神经的参与,而趋性的产生不一定有中枢神经的参与;未形成中枢系统的原生动物则具有明显的趋性,却不可能有条件反射。非条件反射在典型的情况下往往是身体一部分的反应，例如，疼痛所引起的身体局部抖动或肌肉收缩，强光突然出现引发视觉器官的活动，强烈的声音引起的惊吓等。但是，对于有中枢神经的动物所涉及的整体的定向运动，到底是趋性还是非条件反射就很难区别。所以鱼类的趋性可以说是非条件反射，但非条件反射不能说是趋性。趋性行为是定向运动，而非条件反射不一定是定向运动。

鱼类通常会有一些本能行为，这是由内部环境和感觉刺激的联合影响所引起的先天性行为。内部环境决定了反应机制的模式，而感觉刺激引起了反应机制，从而引起了复杂的行为序列。本能行为是最复杂的先天性行为，通常都是具有一定特性的一长串的动作群。本能行为与趋性和非条件反射的区别在于，本能行为的产生主要是由内部环境某些特殊状态所决定的，而趋性和非条件反射同内部状态的关系很小，主要决定于外部状态。外界刺激只作为本能行为的引起者，并不需要它来引导反应经过的整套行为模式；而对于趋性和非条件反射来说，在行为完成之前，外界刺激的引导是必要的。

另外，鱼类对物体大小和形状视觉能力的主要衡量指标就是鱼类眼睛的视敏度(视力)。视敏度是指眼睛分辨空间物体位置的能力，一般用能够分辨空间最近两点视角的倒数表示，视角越小，视敏度越大，对物体的分辨能力越强。视敏度与视网膜的结构有关，视网膜上视锥细胞的密度越大，视敏度越大。另外，它还与照度和生长发育有关，鱼眼的视敏度会随照度的降低而下降，随着生长发育会发生变化，有的鱼随体长的增加视敏度增大，而有的鱼随体长的增加，视敏度则下降。

鱼的眼睛对不同波长的光的敏感性是不同的，在一定的条件下，根据鱼对不同波长的光的敏感性所得到的曲线，称为光谱敏感曲线。通过它，可以了解鱼类在感光范围内对不同波长光的敏感性变化，以确定各种鱼类可感受的光谱范围，根据光谱敏感曲线可判断各种鱼是否有色觉。鱼类对于运动物体判断能力主要通过临界闪烁融合频率这个指标去评判。当物体投射到视网膜上的图像发生变换时，鱼就会感觉到运动，当物体出现的频率(每秒出现的次数)很低时会产生物体闪烁的感觉，但当频率提高到某一数值以上时则会产生物体持续和融合的感觉，这个临界的闪烁频率称为临界闪烁融合频率。物体的成像在视网膜上所保留的暂短时间称为视瞬间，它是临界闪烁融合频率的倒数。运动视觉的这一特性是由眼睛的视觉暂留作用所决定的。视觉暂留是由于视网膜受到光的刺激发生了化学变化，而且在光刺激停止以后，不能立即将化学分解物还原，仍能把视觉印象保留一个短暂时间，所以视像只能逐渐地消失。

因此，在渔具设计和渔业生产作业中，需要了解鱼类能看到什么，能否区分颜色。在渔具的作业水层处，光线照度很低的情况下，鱼类的视觉灵敏度和对物体的分辨能力怎样，鱼类在看见目标物的情况下将会有什么运动行为，鱼类是否具有视觉的记忆能力，视觉对鱼类集群的影响等都是渔具渔法的设计依据，是提高捕捞效率或进行选择性捕捞的重要依据。

1.3 人工智能鱼仿生功能与行为

党的二十大报告指出，"发展海洋经济，保护海洋生态环境，加快建设海洋强国"，将海洋强国建设作为推动中国式现代化的有机组成和重要任务。近些年来，随着人工智能技术日趋普及，尤其是国家《新一代人工智能发展规划》等政策相继出台，"人工智能+海洋特色"的学科交叉融合研究越来越受到重视。人工智能是一种以计算机模拟人类智能的技术。随着计算机软硬件的快速更新，人机交互的行为越来越普遍，大量关于人工智能的新理论也在不断涌现。众所周知，所有动物都有其中枢神经，通过中枢神经控制系统才能产生思维，而思维又在不同等级的生命体间拥有不同的功能，如在较低等的生物里，思维更多的作用是由本能控制的；而对于像人类这样的高等生物而言，除了由本能控制思维，还有对于环境的认知、适应及改变这一系列更高级的功能。人类思维的起源在于对于自身周边环境事物的认知，通过对周边事物的认知和起源互相之间关系的了解，人类开始了逻辑思维。随着对这些事物及其关系认知程度的加深，思维又进一步被拓展为逻辑思维、形象思维和抽象思维等。智能则是人类通过思维活动所表现出来的能力，以人类大脑为载体，智能包括了人对客观事物的本质及其内在联系的概括和反应能力。人工智能则是通过对大脑及思维的一系列研究，使用计算机模拟这一过程的一项科技结晶，主要包括智能的实现原理，制造能模拟类似于人脑思维的计算机，从而使这些计算机能应用至更高等级的产业。

人工生命是从计算机科学、自动化科学及人工智能等一系列学科中衍生出的发展方向之一，是一门通过研究自然生命体的特征，以人工手段模拟和再现类似生命的实体或其行为的学科。人工生命的主旨在于以人工手段模拟自然生命，并以人工生命为基础建立相关模型，以此实现更为高效、可控的自然生命研究方式。近年来，人工生命领域的学者们通过大量对自然界各种生物活动和行为的探索和研究，已经研制了基于生物习性行为的各种智能仿真算法和仿生机器，能够模拟相关生物在特定情况下做出的选择和行为，并广泛应用于各相关领域和工程之中。在人工智能和人工生命等仿生学科交叉研究的领域中，国内外许多学者选取了将人工智能鱼作为切入点和主要抓手，探索人工智能和海洋学科交叉融合的研究，从而实现鱼类行为习性的智能仿生，已经取得了一些优秀的仿生鱼研究成果。

人工智能鱼系统包括感觉系统、行为系统和运动系统。感觉系统是模拟鱼类的生理感知功能；行为系统根据已过滤的感觉数据产生相应的鱼类意愿，进而指导鱼类的不同行为；运动系统中的控制器根据参数调节和控制鱼体物理模型进行相应的运动。人工智能鱼相关功能和系统如图 1.2 所示。

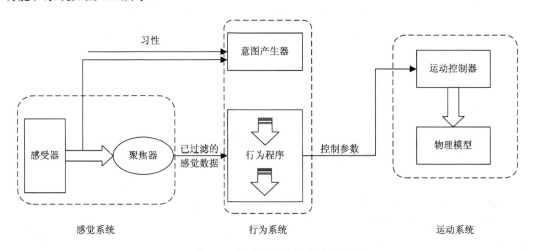

图 1.2 人工智能鱼相关功能和系统

1.3.1　仿生的主要功能

我们可以借鉴生物学结构，根据图 1.2 人工智能鱼相关功能和系统，定义鱼类仿生的 3 层模型，即自上而下由感知层、行为层和运动层组成。感知层获取周围环境信息，行为层进行数据信息处理并且输出相关控制信息给运动层，运动层接收信息后做出相应的反应运动。该 3 层模型如图 1.3 所示。

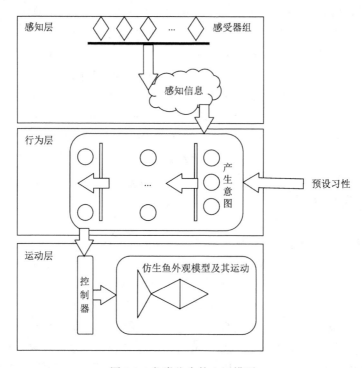

图 1.3　鱼类仿生的 3 层模型

当然，每种鱼都有各自不同的习性，同种鱼的个体之间也存在不同的个性，比如不同的趋光性、不同的食物喜好等。这些可以统一划归为预设习性，对应于程序设计中的一些全局常量，将不同的属性情况映射为不同的数，产生对应关系后可以在实现中随时扩展与更新。

3 层模型对应 3 个系统，具体如下。

1. 感觉系统

在海洋环境中，存在着不同的事物与情况，比如光照的强度、海水温度和海流状态等环境因素，同时还有捕食者与食物的出现及同伴的现身，这些都会对人工智能鱼产生影响。为了让人工智能鱼在活动过程中随时依据现实情况做出对应反应，人工智能鱼必须首先获取到这些反应情况，即需要让人工智能鱼通过一些方法获取这些能够反应情况的信息。生物学中将生物获取外部信息的器官称为感受器，以人类为例，人的五官是最典型的感受器，感知视觉、嗅觉、听觉和味觉信息。鱼类同样拥有这些感知外界的感受器，要想将它们的感受器在计算机虚拟环境中复现出来，就需要设计程序参数进行表达，同时也需要对外界因素进行抽象与参数化。仿生鱼主要的感受器包括视觉感受器与体侧感受器，还可以设计嗅觉感受器，嗅觉感受器主要在大型鱼类捕食鱼身上作用明显，但对于普通的小型鱼类作用可能不够明显。

在所有感受器中，眼睛无疑是最重要的，视觉是鱼类所有感觉中能够获取最直观与最大量信息的。观察多数鱼类，可以发现鱼眼的位置分布于鱼头的两侧。鱼的视觉范围大部分在300°左右，可观测角度范围比人类宽阔得多，如图1.4所示。

对于其他感受器来说，同样也可以利用和视觉感受器一样的设计方法来进行仿真，做法上主要是需要设计出相应的参量与判断处理条件，将抽象的环境数据化、具体化和细节化。

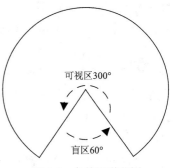

图1.4 鱼的视觉范围

2. 行为系统

行为是个体鱼面对不同情况下会产生的反应，它需要集合个体鱼属性与其当前时间下获得的感知数据综合考虑来得到。从宏观层面来说，所有的行为都是由上级的意愿引发的，意愿是脑器官综合分析个体当前状况而产生的自我意识指令。比如，当鱼饥饿时，鱼脑会不断产生觅食的意愿；当鱼类看到前方有同伴时，鱼脑会产生避让的愿望等。但是仅仅这样说显得非常线性与浅显，如果生物体只会对一种情况产生固定的单一反应，那世界将会是非常单调的。

考虑到这样一个场景，一条小鱼在水中随性游动，不知不觉饿了，而且正巧又游入了饥肠辘辘的凶残捕食者视野中，小鱼与捕食者同时发现了对方，与此同时，小鱼还发现捕食者身后长着自己爱吃的水草，而捕食者的旁边不远处，垂下了一根吊着美味鱼饵的钓鱼钩。现在问题来了，小鱼应该做什么呢？

很明显，小鱼此时感受器接受的综合情况远远比在影响因素少的场景中所接受的要复杂，因此这就涉及小鱼的一个选择的过程。它可以逃跑；可以尝试挑战捕食者的底线，用自己的灵活行动去绕过捕食者而吃到水草；也有可能会因为鱼饵的位置更有利一些而选择吃鱼饵，被钓鱼人收走；当然还会有诸如小鱼选择自杀的荒诞可能性；等等。小鱼必须进行一种抉择。这种选择的决策过程，实际上可以看成遍历树状结构的过程，每一个结点是一个询问，根据答案的不同分支转到下一层结点上，再继续这个过程，直到得出最后的叶子结点，那里存放着最后的行为选择结果。多个行为程序组成询问树，并且互相连通数据。

建立人工智能鱼模型的行为系统，可以基于特定的行为选择机制，每一个意愿由感知数据产生；鱼的行为习性特征与个性化的预设数据参与分析意愿具体执行的细节，对每一种意愿进行评判与分级，产生胜出的"意愿细节"，进而指导鱼类的行为系统。

3. 运动系统

根据鱼类仿生3层模型图1.3，运动系统是人工智能鱼内核模型中的最底层系统，它需要接受来自行为层的输出数据，将这一部分的输出数据进行匹配判定，然后传送至人工智能鱼的运动控制器上。只有实现这些，才可以通过控制器连接操纵人工智能鱼的实体模型。

要设计人工智能鱼，需要自内而外地进行制作，就像真实的生物一样，骨骼和肌肉系统是内在框架，支撑并限制着外观的形状。但对于运动系统来说，骨骼肌肉模型是提供虚拟鱼运动能力的核心所在，是完全体现运动系统的功能模型。肌肉骨架生物力学模型只是虚拟外观模型中的最底层设计，它是内核模型与外观模型的紧密接口，使用这种肌肉骨架并进行相应的适配是可以模仿大部分海洋鱼类的。

人工智能鱼拥有自己的内部密封数据和一系列可能的行为，通过自己的视觉接收和处理来自周遭环境的各种信息，并通过内部封装的行为函数进行表达，然后通过尾鳍来做出应激行为。人工智能鱼所在的环境主要是问题的解空间和其他鱼的状态，它在下一刻的行为取决于目前自身的状态和环境的状态，并且它还通过自身的活动来影响环境，进而影响其他同伴的活动。

根据鱼群的活动特点，人工智能鱼群算法也很早被关注，这是基于动物行为的自主寻优模式的算法。这种鱼群模式算法的基本思想是，在一块水域中，鱼生活数目的多少意味着那片区域内的营养物质的多少，同时依据这一特点，来模拟鱼群在这里的生活行为，从而达到区域寻优的目的。目前，对于这个算法的应用研究已经扩展到了众多其他领域，研究深度也从一维静态优化问题上升到多维的动态组合优化问题。人工智能鱼群算法已经成为交叉学科中一个非常活跃的前沿性研究问题，在解决实际问题的过程中，鱼群算法的应用面得到了广泛提升，对于该算法本身还有不少的学者正在对其进行优化和改良。现在通常认为基础的人工智能鱼群算法有如下的问题：鱼的数量上升导致计算量大幅上升，进而导致计算结果不精确；当区域内的变化较为平坦时，往往只能获得一个较大的最优解的范围，难以进一步收敛；算法本身前期收敛较快，到达一定阈值后，难以进一步收敛。这些问题已经有人从视野或步长的角度提出了修改的思路甚至是具体的方案，但是人工智能鱼群算法依旧是高度泛用且难以改进的宏大课题。

在一片水域中，鱼存在的数目最多的地方就是本水域中含营养物质最多的地方，依据这一特点来模仿鱼群的觅食、集群和追尾等行为，从而实现全局最优，这就是鱼群算法的基本思想。人工智能鱼群通过鱼类向食物浓度高的地方集群这一特性来模拟其活动过程中的种种行为，从而实现全局最优。鱼群算法实现的关键，便是如何通过简单有效的方法来模拟鱼类活动中的觅食、集群、追尾及随机行为。

人工智能鱼运动时所处的环境由两部分组成：自身发现问题的解空间和其他鱼的状态。人工智能鱼的自身状态和周围的环境决定了它们在未来时刻可能发生的运动行为，其经过线性函数表达后做出的尾鳍应激反应会对其所在环境造成影响，进而影响其他个体在周围环境的活动。人工智能鱼运动受环境影响的模型如图1.5所示。

1.3.2　常见的仿生行为

人工智能鱼对周围环境的认知由自身的虚拟视觉和感知模拟实现，其各种可能的行为主要包括觅食行为、集群行为、追尾行为和随机行为等。这些行为在不同时刻会相互转换，而这种转换通常是鱼通过对环境的感知来自主实现的，这些行为与鱼的觅食和生存都有着密切的关系。

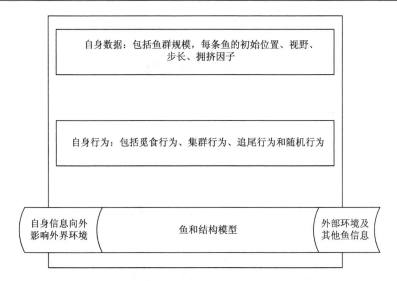

图 1.5　人工智能鱼运动受环境影响的模型

1. 觅食行为

鱼类遵循着向食物多的方向游动的一种行为，一般通过视觉或味觉来感知水中的食物量或浓度来选择趋向。近年来，机器视觉技术不断发展进步，利用机器视觉技术，在不需要人工干预的情况下，对摄像装置采集的图像进行处理，可以对目标水域中的鱼群进行检测和跟踪，以此为依据对鱼群觅食行为进行判断、分析和量化。鱼群觅食行为量化算法包括传统面积法、行为特征统计法和纹理特征法。

(1)传统面积法是通过典型的图像处理过程，提取图像中的鱼群面积，利用鱼群面积量化鱼群的觅食行为。在鱼群觅食过程中，鱼群面积特征可反映鱼群的觅食行为。但利用该方法无法消除反光对图像处理过程的影响，且需要对水面反光严重的干扰图像进行去除，并对鱼群的重叠系数进行复杂的计算。

(2)行为特征统计法是利用光流法与信息熵统计鱼群的游泳速度和转角信息，以此量化鱼群觅食行为。

(3)纹理特征提取法是通过提取鱼群图像的纹理特征，如对比度和逆差矩等，用这些特征值来表征鱼群的觅食行为。

在几种量化方法中，传统面积法是量化鱼群觅食行为最典型的方法，可定性分析特征量的准确程度，但其易受反光和重叠的干扰，实际应用受到限制。在量化觅食行为中，只采用一种特征计算较为简单，但鲁棒性和准确度都较差，故可用多特征量，如面积特征和纹理特征等，共同分析鱼群觅食行为，以此获取较高的准确率。

2. 集群行为

鱼在游动过程中为了保证自身的生存和躲避危害会自然地聚集成群。鱼集群时所遵守的规则主要包括两个：一是尽量向邻近伙伴的中心移动；二是避免过分拥挤。

3. 追尾行为

鱼群在游动过程中，当其中一条鱼或几条鱼发现食物时，其邻近的伙伴会尾随其快速到达食物点，即发生追尾行为，它是鱼在其可视区域内向邻近的最活跃者追逐的行为，在寻优算法中可理解为向附近最优伙伴靠近的过程。

4. 随机行为

鱼在视野内随机移动，自由自在地漫游在水域中，它是觅食行为的一个缺省行为。

1.4　人工智能鱼分类研究

人工智能鱼是计算机图形学、人工智能、机电控制、水产和海洋等多学科交叉融合的研究学科，根据仿生实现的方式，可分为由三维软件建模与仿真实现的虚拟鱼，以及由物理材料、电机电路与传感器等组合研制的仿生机器鱼。

1.4.1　虚拟鱼

国外的计算机图形学发展较早，对于虚拟建模动画来说，运用物理规则，基于物理进行动画(physically based animation, PBA)这一思路在 20 世纪 80 年代就已经有人开始研究。那时，基于物理的建模在诸多实验仿真模型中表现出不错的效果，如各类变形物和连接物体用的金属链条，以及在风场下真实掉落的树叶等。对于有意识的高级生命体人们也有研究，如人与小动物的动作产生等。

关于鱼群(集群)的模拟，本质上是涉及个体的行为问题。动画角色的行为动作是由行为计算模型和算法所控制的。1982 年，泽尔茨教授提出可以调试拟人动画的行为动画方法；1986 年，雷诺兹教授研究了各种动物集群动画及它们的群体同步措施；1989 年，威廉斯教授提出了交互式的动画控制问题。研究者们认为，只有通过建立高级行为控制器，才可以实现程序化的鱼群(集群)动画。除此以外，1983 年粒子系统的引入则开辟了区别于行为建模的另一个实现集群的方向。

早在 1994 年，加拿大多伦多大学的涂晓媛博士基于"计算机图形学"和"虚拟生命"两个领域前置研究，进行关于人工鱼的新研究。她采用自下而上的方法，先研究 PBA 的鱼模型，并且为这种鱼附加高级智能控制系统，即上层"鱼脑"，其中包含感知分析与行为处理机制。自涂晓媛的人工鱼研究发布至今，许多感兴趣的研究者都打开了研究思路与发展空间，有的研究者针对其设计的鱼体动力学方法进行优化，提出更多新的运动方程，实现更真实灵活的鱼类模型；有的研究者则大力研究其在行为建模上所作的工作，结合当下人工智能的快速发展，进行一些优化工作。

1.4.2　机器鱼

海洋中蕴藏着丰富的生物资源和矿产资源，人类开发海洋和利用海洋的脚步随着科技的发展逐渐加快。具有海洋勘测、海底探查、海洋救捞、海底管道检测及水下侦查和跟踪功能的水下机器鱼，已成为探索海洋、开发海洋和海洋防卫的重要工具。海洋生物中的鱼类种类繁多，形态各异，经过亿万年的进化，具有了非凡的游泳能力。鱼类通过身体运动推动周围的水，以此来获得推进力。对涡流的精确控制使得鱼类游动推进效率更高，机动性更好。模仿鱼类的游动推进模式，研制出高效低噪和灵活机动的仿生机器鱼，用以进行复杂环境下的水下作业，已经成为研究人员追求的目标。20 世纪中期以来，随着科技的发展，机器人技术得以发展并飞速进步，世界上许多国家都非常重视机器人技术的研究，将机器人作为一个重点研究项目并大力发展，而机器鱼又是机器人中的一个类别，也获得了很高的重视。当前，水下机器鱼多采用传统的螺旋桨作为推进器，但问题也很多：其体积大、质量重、能耗高、综合效率低、可靠性差、瞬间响应有滞后的现象、运动灵活性能差并且伴有较大的噪声，在螺旋桨旋转推进过程中会产生侧向的涡流，增加能量消耗，降低推进效率。为了克服螺旋桨推进器的这些缺陷，适应未来水下机器鱼技术发展的要求，人们在开发新能源的同时，也在积极寻找性能更加优良的新型推进方式。

鱼类属于脊椎动物种群，其身体由很多根脊椎骨相互连接而成，采用尾鳍推进的鱼类在游动时主要通过脊椎曲线的波动来产生推进力。因此，大多数鱼类特别是鲹科鱼类的推动机构可分为柔韧性和摆动的尾鳍两部分。其中，柔性身体可看作由一系列的铰链连接而成的摆动连尾鳍，可视为摆动的水翼。常见的仿生机器鱼的身体基本结构如图 1.6 所示，主要分为鱼头、鱼身和鱼尾 3 部分。鱼头部分主要由控制模块、电池、通信模块等构成，鱼头上预留了吹气孔、充电头和天线；鱼身部分由 3 个摆动关节串联构成，每个关节均由一个直流伺服电机驱动，模拟鱼体波曲线的运动；鱼尾为新月形的尾鳍。

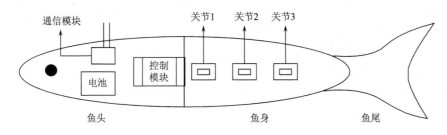

图 1.6 仿生机器鱼的身体基本结构

仿生机器鱼是一种参照鱼类游动的推进机理，利用机械、电子元器件和智能材料来实现水下推动的运动装置。人类对海洋的探测一直在进行着，同时也需要水下机器人去帮助人类完成一些复杂的任务。然而，面临水下的复杂环境，水下机器人需要学习水下生物的行为以帮助其更好地开展水下任务。仿生机器人一直都是机器人发展的趋势和方向，而现在的一些仿生机器人已经开始迈向海洋的脚步，许多仿生机器鱼已经能非常适应地在海里游行，并且能与游鱼相伴而且不被它们发现。随着机电一体化技术、流体力学和仿生学等相关学科的发展，研究人员研制出了多种仿生机器鱼。虽然现有的机器鱼已经可以模仿鱼类的多种运动模式，但是，它们还难以满足实用性的要求。仿生机器鱼难以实现完全柔性的推进运动，推进效率难以与真实鱼类媲美，机动性和稳定性还存在不足，操纵性、智能控制和通信等问题还有待解决。

目前，上海海洋大学人工智能鱼创新团队拥有涵盖海洋渔业、鱼类行为、系统控制、计算机科学、流体力学、水动力学、工程设计和电子通信等多个学科的优秀指导教师,以机器鱼推进方式为关键技术突破点,科研成果从最初的轮机推进和尾鳍推进,到如今的仿生线驱动推进,历经数代发展,已经研制了机器鲨鱼、机器海龟、机器海蛇和机器鱿鱼等30多种特色机器鱼,逐渐形成了一系列高效率、低能耗、多功能及共融性好的高水平机器鱼作品。它们在水中游动的姿态和真鱼几乎无差别,遇到障碍能自动回避,钻进狭小空间也能灵活自由地游出。此外,它们还装着各种机械装置和传感器,可以向控制中心回传各种相关数据。

　　该团队设计了多款仿生机器鱼,例如:用于清洁水下藻华的水下机器鱼(清洁小鱼);用于搭载各类传感器,进行海底探测等活动的水下仿生机器鱼(直翅真鲨机器鱼);用于搭载各类传感器、监测器,进行海底数据记录分析等活动的机器鱼(仿生大青鲨);用于观测鱼类的机器鱼;用于工厂化养殖区多功能清洁活动的仿生机器鱼等。相关成果获得"挑战杯"全国累进创新奖、全国二等奖和全国三等奖等,在上海市相关大赛中也荣获特等奖 1 项、一等奖 2 项、二等奖 3 项和三等奖 4 项等多项奖励。在虚拟鱼成果方面,该团队指导学生研制的成果也获得了上海市、国家级相关大赛和全国大学生创新年会项目等 70 余项奖项;该团队申请的教改项目"以人工智能鱼为抓手探索多学科融合的教学设计与创新实践"获得了 2017 年度上海市教学成果奖一等奖。

1.5　本 章 小 结

　　本章主要从仿生学的定义、基本要素和利用仿生学展开的创新技术开始,介绍了仿生学的起源与发展;接着对鱼类的行为及感知系统进行了分析,借助现代仿生科技手段,对于鱼类行为的原理、方式和结果进行了研究,探索鱼类个体和鱼群群体的仿生行为;最后从虚拟鱼和机器鱼两方面对人工智能鱼的研究进行了阐述,并介绍了上海海洋大学人工智能鱼创新团队取得的一系列教学和科研成果。

第 2 章 鱼体的建模和形变

人工智能鱼仿真往往从逼真性和实时性两方面考虑，不仅要体现类似于自然界真实鱼类的形态和外观，还要求有物理真实感的运动模拟。本章从鱼体形态入手，介绍学界现有的几何建模和物理建模等建模技术，并叙述如何建立三维几何网格模型，以及基于"弹簧-质点"模型划分后的力学模型，最后给出基于几何物理模型组合优化的鱼体设计。

2.1 数理知识基础

2.1.1 "弹簧-质点"模型

1. 模型简介

"弹簧-质点"模型是用来模拟柔软及弹性物体的基础模型，像布料和贴图水面都可以使用，这与鱼体的柔韧性和变形性类似，因此以这种模型为基础模拟鱼体是非常合适的。

最简易的"弹簧-质点"模型如图 2.1 所示。

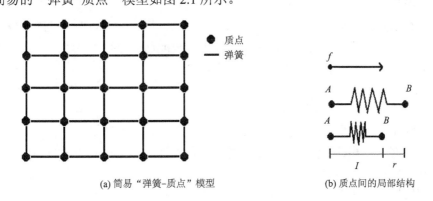

(a) 简易"弹簧-质点"模型   (b) 质点间的局部结构

图 2.1 简易"弹簧-质点"模型与质点间的局部结构

在该模型中，定义了弹簧与质点的抽象结构。在所要模拟的三维面中选取关键点，切分网格，交叉关键点获得邻域的质量，同时相邻的关键点间由网格边连接，网格边即是弹簧结构，弹簧结构的质量可以忽略。质点与质点之间的局部结构如图 2.1 右部所示，其间存在的弹性力可以由胡克定律(Hooke's Law)得出，如式(2-1)和式(2-2)所示。

$$f_{A \to B} = k_s \frac{\overrightarrow{AB}}{\| AB \|}(\| AB \| -l) \tag{2-1}$$

$$f_{B \to A} = -f_{A \to B} \tag{2-2}$$

式(2-1)反映了对于静止的弹簧 AB，固定一端点，拉伸另一段后由 A 向 B 的弹性力计算方法，核心在于弹性系数 k_s 乘上被拉伸后的形变距离。$\frac{\overrightarrow{AB}}{\| AB \|}$ 是对该向量进行单位化，

得出一个用来指出方向的单位向量，$\|AB\|-l$ 是用来表示拉伸距离的标量，以此来决定力的大小。对于另一端点 B，同样要受到一个反向的指向 A 的弹性力 $f_{B \to A}$。

在实际模拟中，仅使用简易"弹簧-质点"模型会带来很多问题。由于网格只限制了两个垂直的维度，想实现斜角拉伸会带来整体的不必要的形变。此外，只计算弹性力而没有考虑模型内部能量损耗，即内力阻尼作用，也会导致生物体模拟的不真实。为此，这里采用改进后的"弹簧-质点"模型来进行鱼体模拟，如图 2.2 所示。

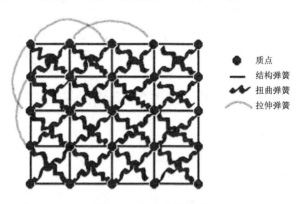

图 2.2　改进后的模型

在改进模型中，加入了小格单元中的对角扭曲弹簧，保证对角线上的点位移后不会使另一条对角线上点被无限制地压缩接近。另外，在行列结构中，间隔质点连接一个较弱的拉伸弹簧，以增强整体约束精度。对于每一个弹簧单元同样进行了改进，即加入了对内力阻尼的考虑。下面将针对弹簧的功能做进一步讨论。

2. 对弹簧单元的具体改进

上面已经简单地介绍了弹簧的弹性力，并给出了计算式(2-1)与式(2-2)。但是为了追求真实感模拟，这里对其进行改进，新增了两种弹簧连接。尽管本质上它们都是弹簧，但是会起到不同的作用。

现在的问题是，如果只使用上面的简单弹性力计算方法，会缺失对内力阻尼的考虑，从而失去运动的软感觉，即一种平滑渐进。为此，在研究弹性结构之后，引入了黏性结构，组合生成一种新的弹簧结构，同时包含两种系数属性，各自负责一部分的力的计算，并且给出合力的计算形式。

这里先定义一些简化记录的量：$\mathrm{dpos}_{ij}(t)$ 为一个向量函数，表示质点 i 和 j 之间的位置差，随时间改变；$\mathrm{ext}_{ij}(t)$ 为质点 i 和 j 之间弹性结构的形变延伸，是随着时间改变的向量函数；$\mathrm{dvel}_{ij}(t)$ 为质点 i 和 j 之间的速率差，同样也是随着时间改变的向量函数。

这些量的计算方法如式(2-3)～式(2-5)所示。

$$\mathrm{dpos}_{ij} = x_j(t) - x_i(t) \tag{2-3}$$

$$\mathrm{ext}_{ij}(t) = \mathrm{dpos}_{ij}(t) - \mathrm{origin\_length}_{ij}(t) \tag{2-4}$$

$$\mathrm{dvel}_{ij}(t) = v_j(t) - v_i(t) \tag{2-5}$$

关于黏性结构，可以将其看成一种活塞。内力阻尼主要
由此产生，且与速度差成正比，比例系数为黏性常数 k_d。黏
性结构如图 2.3 所示。

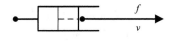

图 2.3　黏性结构

具体计算黏性力 f^d 的方法如式 (2-6) 和式 (2-7) 所示，以下公式中的 "·" 运算均为向量
的点乘。

$$\mathrm{dpos}'_{ij}(t) = \frac{\mathrm{dvel}_{ij}(t) \cdot \mathrm{dpos}_{ij}(t)}{\mathrm{dpos}_{ij}(t)} \tag{2-6}$$

$$f^d_{ij}(t) = k_d \frac{\mathrm{dpos}'_{ij}(t) \cdot \mathrm{dpos}_{ij}(t)}{\mathrm{dpos}_{ij}(t)} \tag{2-7}$$

同时，为了一致，改写弹性力 f^s 的计算方法，如式 (2-8) 所示。

$$f^s_{ij}(t) = k_s \frac{\mathrm{ext}_{ij}(t) \cdot \mathrm{dpos}_{ij}(t)}{\mathrm{dpos}_{ij}(t)} \tag{2-8}$$

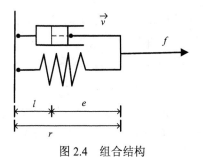

图 2.4　组合结构

式 (2-7) 与式 (2-8) 是最重要的两个计算式，均是一个
常数乘差值的形式，同时再补充一个赋予方向的单位向
量。将这两种结构组合形成新的复合弹簧单元，如图 2.4
所示。

这样，质点与质点间的受力情况才算是比较完备地被
考虑。通过整理合力式子 $f_{ij}(t) = f^s_{ij}(t) + f^d_{ij}(t)$ 得到一个新的
形式，如式 (2-9) 和式 (2-10) 所示。

$$f_{ij}(t) = \mu_{ij}(t) \cdot \mathrm{dpos}_{ij}(t) \tag{2-9}$$

$$\mu_{ij}(t) = \frac{k_s \mathrm{ext}_{ij}(t) + k_d \mathrm{dpos}'_{ij}(t)}{\mathrm{dpos}_{ij}(t)} \tag{2-10}$$

2.1.2　牛顿运动定律与生物力学分析

经典力学理论完全可以适用于分析鱼类运
动，鱼体运动的受力情况可以根据牛顿第三运
动定律来描述：鱼的躯体运动对周围的水体会
产生力的作用，同时水体会对鱼产生反作用力，
借助于这种反作用力，鱼能够产生位移。在自
然界中鱼有两种运动模式：第 1 种是全身尾鳍
驱动，主要依靠鱼尾产生推力；第 2 种是中段
驱动，主要依靠摇动腹部鱼鳍或中段躯干产生
推力。前者是最广泛被使用的，而且仍然可以
根据种类不同，有不同程度的改变，比如甲壳
类鱼类一般只动用少部分的尾巴后部，而对于
鳗鱼来说，几乎可以达到全身的曲变。人工智
能鱼模型主要使用的周期运动受力模式的简单
分析如图 2.5 所示。

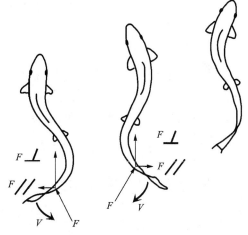

图 2.5　周期运动的鱼——简单受力分析

具体来说，鱼通过两侧肌肉收缩释放的过程，带动整个鱼身产生波动，鱼尾部向相对斜后方挥击，推开鱼后方的水，水同时向反方向提供一个推力，使鱼前进。这种水推力可以正交分解为垂直方向与水平方向，与鱼身平行的那个分力，即图 2.5 中的垂直分力给予了鱼前进的力量；而水平分力垂直于鱼的侧面，主要让鱼尾和鱼身能够产生波动。

以上是关于鱼体运动的直观分析，但是要想掌握鱼体运动的内在规律，并可以量化计算，需要运用牛顿运动方程来表达。

$$m_i X_i''(t) + w_i(t) = f_i^w(t), i = 0, \cdots, \mathrm{MAX}_{\mathrm{NodesNum}} \tag{2-11}$$

式(2-11)左边就是鱼进行甩尾推水的合力表达，右边是水动力。整个式子计算的是每一个质点的受力情况，所以下标 i 的上限是最大结点数。此外，式(2-11)在牛顿第二运动定律基础上考虑了内力的影响，增加了一项 $w_i(t)$。$w_i(t)$ 项的具体表示如下：

$$w_i(t) = -\sum_{j \in N} f_{ij}(t) = -\sum_{j \in N} \mu_{ij}(t)\mathrm{dpos}_{ij} \tag{2-12}$$

再来考虑方程右边的水动力，这种反作用力主要与垂直鱼体单位时间内的排水量有关。查阅流体力学相关知识可知，在假设水体非黏稠、无漩涡，且非压缩的理想状态下，作用于鱼体上的力近似于积分式 $-\iint \|v\|(n \cdot v)n\mathrm{d}S$，$v$ 是鱼体表面与水间的相对速率，n 是鱼体表面外法向量，计算鱼体上的力需要将鱼体表面看成由一个个面积微元 S 构成的。若考虑水的流体计算会更加复杂，此外还需要考虑平衡静止等状态，此时所受外力并不包括水的力量。综上所述，最终决定将水外力作为一个常值，当鱼运动时以该常值替代。

2.1.3 常微分方程的数值解法

使用上文分析得出的运动方程来计算更新每一帧鱼体模型质点的位置，是常微分方程求解问题。这种情况下是无法求出严格解析解的，故需要使用数值解法来近似求解。首先介绍一种有限差分方法——欧拉法。

现有一组已知初值的常微分方程：

$$\begin{cases} y' = f(t, y) \\ y(0) = y_0 \end{cases}$$

由于不知道它的真解，可以用微分逼近的思路，先将时间切分为一段一段离散的时间步间隔 h，并给每一个时间点进行标号，$t_0, t_1, \cdots, t_n$。

用泰勒公式(Taylor Formula)展开，如式(2-13)所示。

$$y(t_1) = y(t_0 + h) = y(t_0) + y'(t_0)h + \frac{y(t_0)''}{2!}h^2 + o(h^2) \tag{2-13}$$

略去二阶小量，得到近似值 y_1，如式(2-14)所示。

$$y_1 = y_0 + hf(t_0, y_0) \approx y(t_1) \tag{2-14}$$

依次类推可得通项表达式，如式(2-15)和式(2-16)所示。

$$y_2 = y_1 + hf(t_1, y_1) \approx y(t_2) \tag{2-15}$$

$$y_{n+1} = y_n + hf(t_n, y_n) \approx y(t_{n+1}) \qquad (2\text{-}16)$$

最后的式子即显式的欧拉法，或称为前向差分。这里将式子改写一下，以更好理解，如式(2-17)所示。

$$\frac{y_{n+1} - y_n}{h} = f(t_n, y_n) \qquad (2\text{-}17)$$

以第 n 项为中心，如果换一个角度思考，该式还可以写成另一种形式，如式(2-18)所示。

$$\frac{y_n - y_{n-1}}{h} = f(t_n, y_n) \qquad (2\text{-}18)$$

为便于使用，再整理一下下标，如式(2-19)所示。

$$\frac{y_{n+1} - y_n}{h} = f(t_{n+1}, y_{n+1}) \qquad (2\text{-}19)$$

这里得到的式子是隐式的欧拉法，或称为后向差分，将用于后面的仿真中。

2.2　鱼体的身体结构与几何网格模型

2.2.1　常见鱼体的身体结构

由于鱼种类的多样性及其受环境的影响，不同鱼类表现出不同的体型结构和生命特征。水作为鱼类的流动介质具有高密度性和不可压缩性，鱼在河水或海洋环境中拥有了不同的鳍，它可以协调各种运动来保持身体运动和整体的平衡。鱼鳍在鱼的游泳过程中起着重要作用，如图 2.6 所示是常见鱼体的基本形态结构和鱼鳍位置。其中，对鳍是指鱼的胸鳍和腹鳍，具有转弯和保持重力平衡的作用。鱼的中央鳍为臀鳍和背鳍，根据自身特有的波动轨迹来保持躯体的稳定。尾鳍的运动幅度较大而作为向前推进的主要动力。

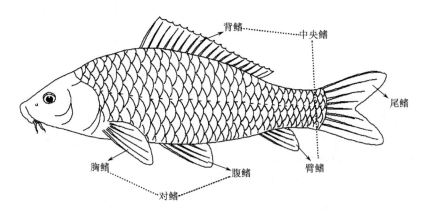

图 2.6　常见鱼身体结构中的鱼鳍位置

2.2.2　鱼体的几何网格模型

对常见鱼进行动画仿真，首先需要建立合理的几何形态外观以符合自然真实鱼类的外部特征。常见鱼的几何形态的建模主要有两种方法：一种是用涂晓媛博士提出的曲线建模技术来建立鱼体外观模型；另一种是使用 3DS Max 或 Maya 三维实体建模软件进行鱼类的几何建模。这两种方法都能够实现将物体抽象为三维空间中的几何体，并在一定程度上建立鱼体的形态和外观。3DS Max 具有渲染真实感极强、易学易用、工作灵活及制作效率高等优点，不仅能够建立复杂的三维图形模型，而且动画制作能力强大。

使用 3DS Max 软件创建鱼的三维网格模型几何模型的操作流程如下。

(1)将所要建模的鱼的数字图片以固定的格式导入软件中。

(2)使用 3DS Max 中曲面建模方法进行制作，在 front 视图中建立 plane。

(3)对图片进行描点并转化成可编辑的多边形，通过相应的拖点来制作鱼的外形。

(4)继续进行横向拖点操作，以便产生新的顶点和表面，通过拉伸表面可以生成胸鳍和腹鳍等更多的鱼体形状细节。

(5)对塑造的鱼头部继续移动分裂顶点、对齐及挤压产生鱼的眼睛，由此产生虚拟鱼的三维实体网格模型，如图 2.7(a)所示。

(6)在 left 和 top 视图中切换制作立体部分的结构，并在达到基本的构线结构之后，使用"涡轮平滑"修改器进行模型的平滑处理生成几何模型，如图 2.7(b)所示。

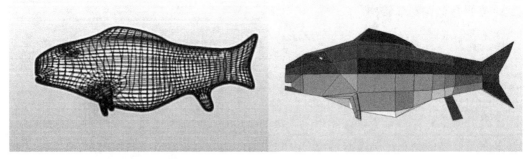

(a) 鱼类的三维实体网格模型　　　　　　　　　　　　(b) 初步生成的几何模型

图 2.7　鱼的几何网格模型

按传统的方法，将鱼的身体分为鱼头(包含眼睛和嘴巴)、鱼身(躯体)、鱼尾、鱼鳍(胸鳍、腹鳍、背鳍、尾鳍和臀鳍)四大部分。有些细节部位，比如鱼鳍，可以通过对几何网格模型进一步拉伸和微调形成不同部位的鱼鳍形状，如图 2.8 所示。

另外，为对后续所建立的三维实体的虚拟鱼网格模型进行精细化绘制和实时控制，将 3DS Max 软件中的三维虚拟鱼网格模型进行简化处理，绘制 4 种类型的虚拟鱼几何模型，如图 2.9 所示。然后将虚拟鱼的网格模型的坐标、颜色、法线向量及纹理坐标等信息存放在 3DS Max 中，以*.max 数据格式文件保存起来。这样能够根据生成的鱼体顶点坐标并通过 OpenGL 程序来对鱼体动画和光照进行处理。鱼体模型的后续处理流程如图 2.10 所示，其中 X 文件是动画存储格式。

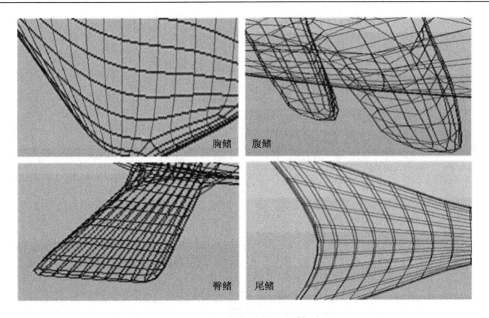

图 2.8　部分鱼鳍的几何模型

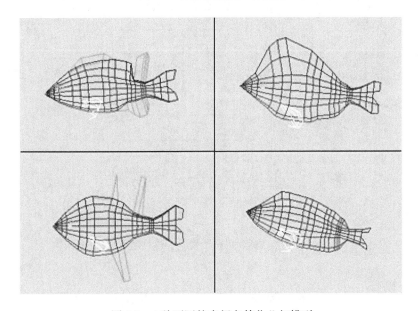

图 2.9　4 种不同的虚拟鱼简化几何模型

　　此外，采 3DS Max 软件所建立的三维虚拟鱼网格模型，包括了 3 个图元库(特征点库、三角形库和顶点坐标库)。这 3 个图元库是分开存储的，用一维数组所表示的顶点坐标库中包含了虚拟鱼网格模型中所有的顶点坐标信息；8 个子表构成了三角形库，包括虚拟鱼网格模型中所有的三角形信息，可以将这些三角形信息分别存储在这 8 个子表中以便随时调用并进行处理；特征点库是突出虚拟鱼的视觉和动作细节特征的图元库，存储了特殊的坐标信息和索引信息。虚拟鱼网格模型的数据结构如图 2.11 所示。

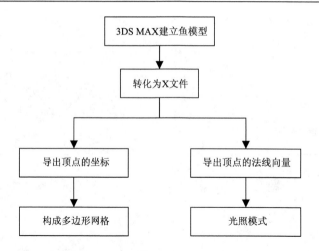

图 2.10 鱼体模型的后续处理流程图

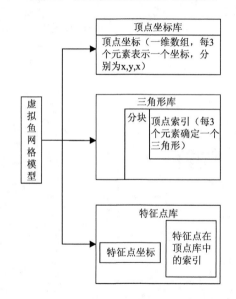

图 2.11 虚拟鱼网格模型的数据结构

2.3 鱼体运动的动力学模型

2.3.1 鱼的运动模式分析

鱼类产生推进动力主要依靠鱼体运动部位的协同作用,但每个运动部位所产生推进作用及波动轨迹是不同的。因此,将鱼类运动模式分为鱼鳍的运动模式和躯体的运动模式。

1. 鱼鳍的运动模式

鱼鳍的运动模式一般分为瞬时性运动和周期性运动两种。前者主要体现在对食物的觅食、突然急速游动、躲避敌害和遇到障碍物时转弯等,它是一种鱼体自行反射行为的运动,持续时间比较短。后者是处于一种稳定状态的运动,比较适合鱼群的长时间和长距离的游动。图 2.12 所示为不同鱼鳍的游动推进模式分类及功能。

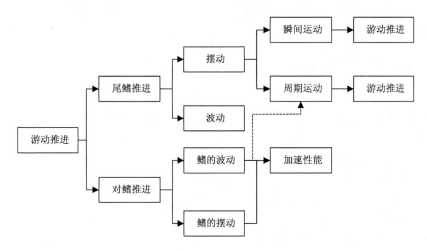

图 2.12　鱼鳍游动推进模式的分类及功能

2. 躯体的运动模式

1) 直线运动

鱼类的直线运动作为常规运动模来体现运动特征。为了能够更好地描述鱼体直线运动的特点，一般采用构建一个运动函数公式的方法。

假设模型前后关节的正弦摆动幅值分别用 A_1 和 A_2 表示，摆动相位差用 θ 表示，ω 为摆动角速度。建立的运动方程如式 (2-20) 所示。

$$\begin{cases} \varphi_1 = A_1 \sin(\omega t) \\ \varphi_2 = A_2 \sin(\omega t + \theta) \end{cases} \tag{2-20}$$

其中，φ_1 和 φ_2 为实时摆动夹角。

2) 转弯运动

鱼体转弯运动主要分为 C 形转弯和渐进转弯两种。前者是鱼体在转身时身体呈 C 字形状态，依靠鱼尾的大幅度摆动产生身体的弯动，可以产生较快的运动速度，并能够轻易躲避敌害的袭击，机动性效果比较好。后者是通过尾部逐渐摆动使得推力的方向和躯体的方向按一定的夹角来产生的转弯运动。这种转弯运动幅度小、消耗体力较少，并且可以达到持续的转弯，主要是在鱼群躲避障碍物时采取的运动形式。

3) 上浮与下潜

对于鱼类来说具有上浮与下潜功能是比较重要的。鱼类的上浮下潜主要是靠鱼鳔的增大或减小并配合鱼鳍的运动来实现的，主要有以下几种方法。

(1) 改变胸鳍倾角式：通过改变胸鳍的倾角，来改变胸鳍所产生的浮力大小，这与飞机的飞行原理一致。

(2) 改变推水方向式：利用鱼尾推水的方向改变鱼整体受力的方向，推水方向的改变主要靠内部机构来改变鱼尾的上下倾角。当需要向下运动时，将鱼尾向上倾角；当需要向上运动时，将鱼尾向下倾角。

(3)鱼鳔式：通过模拟鱼类的鱼鳔，假定在虚拟鱼体内增加一个水囊，通过改变水囊中水量的多少来改变虚拟鱼的重量，进而使其上浮或下潜。但使用该模式，虚拟鱼的运动模式与真实鱼相比差异较大。

2.3.2 鱼类运动的常见模拟方法

虽然用三维建模软件建立的虚拟鱼的几何模型的网格显示层在形态和外观上近似于真实鱼，但它并没有考虑摩擦、质量和速度等物理属性，因而造成在运动时逼真性效果差。因此，基于物理模型的虚拟鱼建模方法成为动画仿真研究的新热点。该方法将物体在计算机图形学中的运动分为以下几种。

(1)使用传统"关键帧"方法。人为地制定鱼群的运动轨迹，易造成运动单一、扩展性能差、过度依赖动画制作者的技巧且比较烦琐等问题。

(2)由人为计算得出鱼群实体运动速度参数的运动学方法。在计算的过程中只考虑鱼自身推进的速度，并没有考虑鱼的运动特性是否受外界环境的因素和质量动力学特性的影响，这导致误差极大及准确性低等问题。

(3)动力学建模方法。建立物理方法和对应的参量的数学表达方法来控制虚拟鱼的行为模式，参数设置容易，可以统筹考虑鱼运动的总体特征。

经过分析和对比，考虑到鱼类运动时所受到的质量、弹性、摩擦力和反作用力等影响，基于"弹簧-质点"模型的动力学建模方法具有一定的优势。

2.3.3 基于"弹簧-质点"模型的鱼体运动形变

2.1.1 节介绍了"弹簧-质点"模型，该模型能反应鱼体的真实肌肉形变，可以有效地模拟鱼类的身体形态及各种行为动作。涂晓媛博士首次结合人工生命和"弹簧-质点"模型实现了对鱼类真实感游泳动作的仿真。这里基于"弹簧-质点"模型创建鱼体的过程如下：首先定义由一个弹簧和多个质点组成一个线性单元模块，鉴于这些线性单元模块具有可伸缩性，并且可以防止运动或拉伸状态时的扭曲，能够有效地保证虚拟鱼发生弯曲运动时的稳定性，所以将多个线性单元模块组成复杂的网格结构来模拟自然界鱼类外表面骨架质点的连接状态。其中，虚拟鱼的肌肉被建模为可变长度的弹簧，弹簧将不同的质点连接，当质点受到外力的作用时，就会通过连接到它本身的弹簧将该作用力向其他邻近的质点传递，从而实现虚拟鱼肌肉的收缩和拉伸。基于"弹簧-质点"模型的一个简单虚拟鱼体的三维结构如图 2.13 所示。

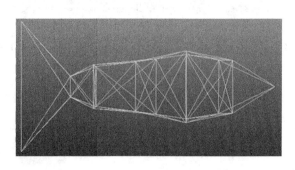

图 2.13　基于"弹簧-质点"模型的虚拟鱼体的三维结构

　　该鱼体的物理模型是通过彼此相连的几十根弹簧和 23 个质点来构造鱼身、鱼尾和鱼头 3 个主要部分。其中有些弹簧组成了肌肉弹簧，分布在鱼身两侧，组成 5 个沿鱼身方向连接质点的不同的肌肉段，这几个肌肉段主要用于控制虚拟鱼产生游动的推进及支撑鱼体转身运动。结构弹簧分布在鱼头和鱼身的两端，主要用于保持虚拟鱼模型结构的完整性。由于鱼尾是产生鱼类运动的主要源动力，使用 4 个黏性弹簧(如果需要更精细化，可以使用 8 个黏性弹簧)和 4 个质点来构造鱼尾，以便研究其运动时的摆动状态。

2.3.4　鱼体游动时的动力学模型

　　鱼类游动的动力学涉及鱼类本身的移动和周围流体对鱼类自身作用力的影响，这也涉及肌肉与水动力学。涂晓媛博士在分析鱼类肌肉收缩和力学特性等物理特性的基础上，利用 "弹簧-质点" 系统模型建立了模拟鱼类运动的方程，如式(2-21)所示。

$$\begin{cases} F(x,t) = A(x)\sin\left(\dfrac{2\pi}{\lambda} + (x - \omega t)\right) \\ \theta_i = \tan^{-1}\left(\dfrac{\partial F}{\partial X}(x,t)\right) \end{cases} \tag{2-21}$$

式中，x 为沿着脊椎方向的局部坐标位置；θ_i 为 x 的偏转函数；t 为时间；λ 为波长；ω 为频率；$A(x)$ 为在 x 处的振幅。

　　虽然这在一定程度上实现了虚拟鱼比较精确的物理运动特性，但是通过建立复杂的流体力学方程来描绘鱼类的游动行为是比较烦琐的。考虑到虚拟鱼在通过肌肉控制身体推进时肌肉容易发生变形，所以构造流体力学模型，并涉及鱼体本身骨骼角度变化的问题。为了简化模型，塑造更合理的运动，并且避免运动方程反复迭代求解的复杂过程，这里依据涂晓媛博士所建立的运动方程，对虚拟鱼的物理模型进行相关力学分析。首先建立一个可以振动的非黏性单元系统("弹簧-质点-阻尼"系统)，该系统包括弹簧、阻尼器和带有质量的质点，如图 2.14 所示。

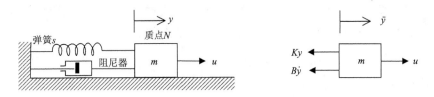

图 2.14　"弹簧-质点-阻尼"系统

　　图 2.14 中，物体 m 是以 kg 为单位的质点；y 是弹簧拉伸的方向，弹簧未被拉伸时表示为初始状态；$\dot{y}$ 为系统的一阶导数；$\ddot{y}$ 为系统的二阶导数；u 是质点 N 中的控制输入；K 是以 N/m 为单位的线性弹簧常数；B 是以 N·s/m 为单位的阻尼系数。

　　虚拟鱼的肌肉被建模为可变长度的弹簧，通过改变弹簧的长度可以控制质点的运动状态，从而实现对虚拟鱼肌肉的收缩和拉伸的模拟。

　　假设把组成网格系统的质点看成理想质点，并认为其弹力是线性的，通过胡克定律得到 "弹簧-质点" 网络中的质点运动，其满足牛顿第二定律，如式(2-22)所示。

$$m \frac{\mathrm{d}^2 r_1}{\mathrm{d}t^2} = -\rho \frac{\mathrm{d}r_1}{\mathrm{d}t} + \sum_{f \in N(i)} K_{ij} \frac{l_{ij} - \| r_i r_j \| r_i r_j}{\| r_i r_j \|} + f_{\text{out}} \tag{2-22}$$

式中，r_1 为质点 i 的位置；m 为质点 i 的质量；ρ 为阻尼因子；$N(i)$ 为所有质点 i 的相邻质点；K_{ij} 为质点 i 和质点 j 之间的刚度；l_{ij} 为质点 i 和质点 j 之间弹簧的原始长度；f_{out} 为质点 i 所受的其他外力。

由于鱼类运动受各种因素的影响很难达到理想的状态，所以需要对"弹簧-质点"系统通过质点 N 和弹簧 S 的集合进行重新定义。假设每个质点的质量为 m，初始位置为 P_0，弹簧的刚度系数为 K_S，弹簧处于静止时的长度为 l_0，可以认为 l_0 为两个质点之间的向量。"弹簧-质点"系统在施加外力作用之前处于稳定状态，所有的弹簧在未受到外力的作用时保持其静止时的长度(未受到外力时质点间的距离)。此时，连接质点的弹簧对每个质点施加的力如下：

$$\begin{cases} F_i^S = f^S(p_i, p_j) = K_S \dfrac{p_j - p_i}{| p_j - p_i |} (| p_j - p_i | - l_0) \\ F_j^S = f^S(p_j, p_i) = -f^S(p_i, p_j) = -F_i^S \end{cases} \tag{2-23}$$

这些节点力保存的动量 $F_i^S + F_j^S = 0$ 与弹簧的拉伸长度 $|p_i - p_j|$ 成正比。另外，用一个恒量 K_d/l_0 替换刚度系数 K_S 也可以达到同样的效果。此时弹簧的长度在外界阻尼力的作用下发生变化，该系统受到的阻尼力如式(2-24)所示。

$$\begin{cases} F_i^d = f^d(p_i, v_i, p_j, v_j) = K_d(v_j - v_i) \cdot \dfrac{p_j - p_i}{| p_j - p_i |} \\ F_j^d = f^d(p_j, v_j, p_i, v_i) = -f^d(p_i, v_i, p_j, v_j) = -F_i^d \end{cases} \tag{2-24}$$

在确定了稳定的鱼体结构状态下，系统在其初始位置达到平衡，而肌肉收缩是由程序性产生的"弹簧-质点-阻尼"系统中的肌肉弹簧决定的。将该肌肉弹簧分为两组：一组是用来带动弹簧邻近质点起拉伸和收缩作用的黏性弹簧；另一组是用来保持鱼体结构完整的结构弹簧。肌肉弹簧产生的弹性力与加载到上面的速度成正比，并且也能够保持一定的动量。肌肉弹簧产生的弹性力和系统产生的阻尼力施加在质点上的合力如下：

$$F(p_i, v_i, p_j, v_j) = F_i^S + F_i^d = f^S(p_i, p_j) + f^d(p_i, v_i, p_j, v_j) \tag{2-25}$$

为了模拟鱼的游动行为，必须有外力作用于鱼体本身。这个外力来自于鱼体运动时对水产生的挤压作用，然后获得水对其反作用力，这时鱼体就得到了向前的推力。它与挤压的水量是成正比例关系，挤压的水量越大，产生的推力就越大。这时就可以用"弹簧-质点"系统中加载在质点上的合力来近似这个力。

2.4 基于几何物理模型组合优化的鱼体运动设计

2.4.1 鱼体设计

几何建模方法主要是考虑鱼的外观，使其有逼真的外形，着重于几何和拓扑信息的研究，但没有考虑物理属性特征的影响，容易造成其物理精确性低和适用场合狭窄的问题。

物理建模方法虽然引入质量、力和速度等物理属性值，在一定程度上实现了虚拟鱼物理真实感的运动模拟，但是物理建模方法不仅要考虑用数学的方法来刻画虚拟鱼的位置和方向等因素的变化，还要求其力学特征符合物理定律，并且还会涉及计算机图形学的研究，这就造成了巨大的工作量，不仅运算量大、计算速度慢，而且严重影响制作效率和实时性的要求。所以要找到两种模型建模方法的平衡点，不仅要考虑虚拟鱼几何建模的逼真性、简洁性和快速性，而且要兼顾虚拟鱼物理模型的精确求解问题。基于此，从实时性和逼真性两方面考虑，融合两种模型各自的优点，进行几何物理模型组合优化。首先，将几何模型（多边形的表面）建立的鱼体各个模块进行细分，得到网格模型的控制点；然后，将其和"弹簧-质点"的物理模型划分后的力学表面对应点相连接，也就是说划分后的力学模型表面的网格顶点就是"弹簧-质点"模型的质点；最后，将其加载到虚拟鱼几何网格模型上，相邻质点的运动依靠弹簧的收缩或者拉伸来实现，以便实现虚拟鱼本身真实运动的效果。

　　由于鱼类种类不同，使得划分后的动力学模型的相关组成部分各不相同。在实际的建模过程中，以青鱼为例。首先，按照几何网格模型的细分方法将鱼的动力学模型分为以下5 个部分：头部（眼睛和嘴巴）；躯体；胸鳍、腹鳍；背鳍、臀鳍；尾部。这 5 个部分都有 4 个四边形的面（对于头部和尾部将其三角形面顶点数扩展到 4 个点构成一个四边形），如图 2.15 所示。将这 5 个部位分成 4 个四边形表面的节点位置，并和虚拟鱼的多面体控制点一一匹配。其中将四边形面设置为双线性曲面（参数范围定义为 $s \in [0,1], t \in [0,1]$），再把每个四边形的面分为 16 个四边形片元，如图 2.16 所示。这 16 个片元对应多面体的每一个三维顶点，其对应的匹配关系为"片元-节点"（patch-node）。根据 s 和 t 的参数范围，通过计算就可以得到这些匹配位置点的坐标 $p(s,t)$。把虚拟鱼动力学模型的各个表面对应"片元-节点"，就可以与几何多面体的控制点进行相关匹配。

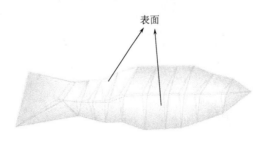

图 2.15　虚拟鱼力学模型表面

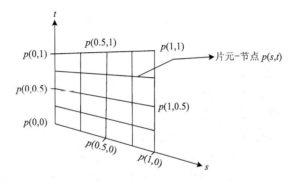

图 2.16　虚拟鱼力学模型的表面划分

多面体网格模型组合优化具体实施步骤如下。

(1)在初始时刻对于划分后的动力学模型表面组成的多个四边形计算每个四边形里面所有的"片元-节点"的位置，并记录。

(2)将所有细分的四边形面进行一一描绘，其对应的三维坐标为(x,y,z)，其中x为四边形面的法线，y为法线邻近的四边形面的边，z为模型所在的世界坐标的高度值。

(3)计算各个子模块的本体坐标对应的表面组成的 4 个四边形里面的片元-节点与所匹配的控制点在偏移矩阵中输出的偏移量。

(4)对每个显示时间同步，步骤如下：

①更新"片元-节点"位置。

②为每个面更新本体坐标系。

③根据每个子模块和整体模型的坐标位置对应的偏移矩阵计算出每个相应的偏移矢量，实现片元-节点位置的修改。

④将所匹配成功的本体坐标中的各个控制点转换到世界坐标。

基于几何多面体的鱼体结构效果如图 2.17 所示。鱼体结构中各个控制点会随着鱼的游泳运动而发生位移，效果如图 2.18 所示。

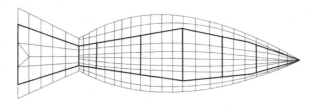

图 2.17　基于几何多面体的鱼体结构

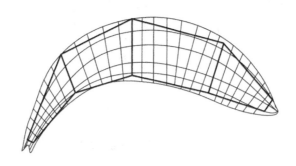

图 2.18　控制点网格弯曲变形的效果

2.4.2　建模仿真结果与分析

结合后的鱼体组合优化网格模型如图 2.19 所示。其中，图 2.19(a)展示的是虚拟鱼"弹簧-质点"模型，图 2.19(b)展示的是几何网格模型。将"弹簧-质点"模型加载到几何网格模型的网格上(图 2.19(c))，即通过几何模型(多边形的表面)建立的各个鱼体模块细分后得到网格模型的控制点与物理模型的对应点相匹配，这样得到的组合后的网格模型不仅具有几何模型的逼真外观，还包含了各种物理模型属性，解决了单一模型建模参数设置复杂、计算量大及制作效率低等缺点。

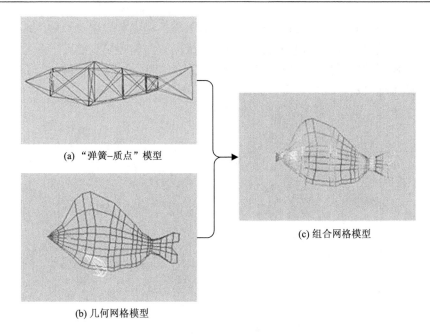

(a)"弹簧-质点"模型

(b)几何网格模型

(c)组合网格模型

图2.19　组合优化的网格模型

经过上述对虚拟鱼力学模型分析,可以得到基于几何物理建模的虚拟鱼前进和转身的动作动画,可以逼真生动地呈现摇头摆尾的游泳动作,如图2.20所示。

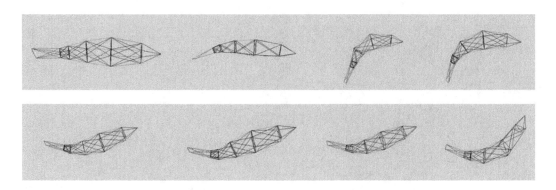

图2.20　基于几何物理建模的虚拟鱼前进和转身的动作动画

经过对建立的虚拟鱼网格模型和基于"弹簧-质点"的物理模型的分析和研究,提取了两种模型各自的优点,并将两种模型组合优化,不仅保持了所建立的几何模型的简洁性和快速性,同时也能体现虚拟鱼物理运动的真实性。

2.5　本　章　小　结

本章介绍了人工智能鱼的数理背景知识,分析了"弹簧-质点"模型,以及如何通过3DS Max曲面建模方法建立简单、易控的虚拟鱼几何网格模型的方法;接着介绍了鱼体的身体结构与几何网格模型；然后详细分析了鱼体运动的动力学模型；最后，通过几何模型建立的各个鱼体模块细分，将得到的网格模型的控制点与物理模型的对应点相匹配，完成了几何和物理模型的组合优化，解决了单一建模精确度低及模型机械化等问题，使虚拟鱼的运动和弯曲符合自然环境中真实鱼的特性。

第 3 章　鱼的感知和认知

鱼的感知和认知对于鱼的生存和繁殖具有重要的意义。鱼的感知能力使它们能够探测到食物的位置，从而获取营养。此外，它们还能利用感知能力避开潜在的生存威胁，比如捕食者和恶劣的环境条件。鱼的认知能力可以帮助它们记住特定的路径，有助于它们找到食物或避开危险。这样，鱼类就可以更好地适应环境，更有效地获取食物和避免危险。

3.1　鱼的感知和认知机理

3.1.1　鱼的感知

人工智能鱼是对真实鱼类的模拟，模拟鱼类的感知的前提是需要了解鱼类的感官系统的构造和特点。鱼类像所有动物一样，为了生存、寻找食物、逃避敌害和寻找配偶，都必须发展一套完善、灵敏的感觉系统来适应生活环境，在水中得以存活。鱼类通过专门的感觉器官接受外来的刺激，收集外界信息，例如通过耳、鼻、眼和侧线等器官，形成行为反应。鱼类所涉及的外界因素和相应的感觉器官如表 3.1 所示。

表 3.1　鱼类涉及的外界因素和相应的感觉器官

刺激类型	感觉器官
温度	侧线
水深和水压	侧线、鳔
水流强度	侧线
声音	内耳、侧线
电、磁	神经
光强、光色	眼睛
水的化学成分	鼻、口腔、触须
气味	鼻、触须
可见范围内物体	眼睛

鱼的感觉器官主要有皮肤感觉器官、听觉器官、视觉器官、嗅觉器官和味觉器官。具体来说，皮肤感觉器官主要是鱼的侧线，位于鱼的侧表面。它可帮助鱼觉察水流的变化及温度的变化，帮助鱼避开暗礁等。听觉器官位于鱼脑的听囊内，一般来说，鱼类的听觉都比较发达。视觉器官主要指鱼的视力，大部分鱼的眼睛位于身体两侧，可视范围很大，但视力的好坏与鱼的种类关系很大，如深海鱼类的视力基本为零。一般来说，鱼类对动态的物体感知能力更强。除此之外，鱼类可根据看到的颜色、花纹和物体运动姿态等感知对方的种类。这意味着，鱼类既能感知环境中的静态障碍物，也能感知一定范围内的其他鱼类，并可大致判断出对方对于自身是同类或威胁，还是可捕食的。嗅觉器官是嗅囊，很多鱼通

常在很远的距离就能通过嗅觉发现食物。鱼的鼻并不能用来呼吸，仅用来闻气味。鱼的味还有觉感受器官是味蕾，不仅存在于鱼的口中，而且分布在鱼体的其他部位，当然主要的味蕾都集中在口中，除此之外，还有鳃、唇和口附近的触须、颚。按鱼种不同，除头部外的部分及身体的后方也有分布，有的鱼还遍布全身，有的鱼甚至鳍上都有味蕾。由于鱼体浸在水中，所以鱼体各部位分布的味蕾会自然地感觉到水中的各种味道。换句话说，鱼类只要靠近了食物，不需要像人一样把舌头伸出来进行物理接触就能感知到味道。

3.1.2　鱼的认知

认知是指人和动物的思考、推理、记忆、学习和决策等功能，即大脑的高级功能。认知最初是心理学上的概念，后来逐渐发展为一门独立的学科——认知科学。认知科学定义为：对智能实体与他们的环境相互作用的原理的研究。它是研究人类的认知和智力的本质和规律的科学，涉及哲学、心理学、人工智能、神经科学、语言学和人类学等多个学科领域。认知科学运用信息加工的观点来研究认知活动，其研究范围主要包括知觉、注意、表征、学习记忆和言语等心理或认知过程。认知过程是对客观世界的认识和觉察，包括感觉、知觉、记忆、思维、注意等心理活动。认知过程一般由 3 部分组成：

①接受和评价信息的过程；

②产生应对和处理问题方法的过程；

③预测和估计结果的过程。

认知能力指接收、加工、储存和应用信息的能力。它是人们成功地完成活动最重要的心理条件。知觉、记忆、注意、思维和想象的能力都被认为是认知能力。认知科学与人工智能、人工生命紧密相关。人工智能的研究目标之一就是模拟复杂的生物过程，如学习和记忆等；人工生命学科也是从模拟生物的功能特点出发，来构造具有认知能力的人工生命实体。

动物的认知，广义地讲，包括感知、学习、记忆和决策，即动物对环境的信息进行感知、处理、保存和采取行为的任何方法和过程。对于动物认知的研究涉及范围很广，主要从 3 个领域进行：心理学、行为学和生物学，各有不同的侧重点和研究手段。生物学已经揭示了蜜蜂能够分辨大范围拓扑性质的认知特性。Sara 提出了关于动物认知的几个重要观点，涉及动物的通信、捕食者学习、注意模型、空间认知、社会学习等认知过程。动物行为学家 Manning 等认为，动物的行为是"包括动物感知外部世界和体内状态，并对其感知的变化做出反应的所有过程"。认知是研究其如何做出反应的。动物有了运动和感知周围环境的能力，其大脑就能对感知的信息做出判断，并选择适当的行动，以产生有用的行为。大脑所完成的这种功能就称为"认知"，信息在大脑中的传递过程就是认知的过程。大脑是脑的高级部位，是中枢神经系统的"最高司令部"，在整个中枢神经系统中起主导作用。它控制躯体运动，联系各种感觉机能和运动机能，协调全身性活动，进行思维、学习，接受、加工和保持由感官传来的信息等。

学习和记忆是认知的重要表现和组成部分，能保证人和动物适应不断变化的环境，求得生存和繁衍。不管是哪种形式的学习，都是以记忆为基础的，通过记忆实现学习功能。不少文章、实验和研究报道表明，鱼类具有一定的记忆和学习能力。比如，当正在进行的行为被中断时，鱼能够记住其行为目标，在中断结束后继续执行原来的行为，如正在寻找食物时躲避一块礁石的碰撞；某些领地鱼可以记住自己的领地范围，不容许外敌入侵等。鱼类能够记忆一些攻击性的事件，从而在遇到同样事件时产生不同的反应。大量的实验研究表明，有些鱼类具有利用视觉空间信息来寻找食物的能力。鱼类生理学研究表明，鱼类具有神经系统、感觉器官、内分泌器官等基本生理系统。鱼类的神经系统包括脑、脑神经、脊髓、脊神经等。与大多数生物一样，鱼类活动中，会由感觉器官从外界接收刺激信号，交由神经系统处理，再由神经系统对运动器官发出信号，完成下一步的活动行为。作为一种生理结构简单的脊椎生物，鱼类虽然有比较完整的神经系统，但还是比较低级的。与大众的认识误区不同，研究表明鱼类是有智力的，鱼类不仅有先天的本能经验，还有学习认知的能力。但是由于鱼类的神经系统比较低级，所以鱼类的智力不高。在此基础上，研究认为鱼类是有记忆能力的，而不是大众误认为的只有 7s 记忆。鱼类的记忆能力与鱼的种类有关，但大部分鱼类都有短期记忆和长期记忆。长期记忆的形成需要经过一定时间的学习强化，记忆可能长达几个星期乃至几个月。所以鱼类的认知还是比较复杂的。

3.2　人工智能鱼的感知和认知能力分析

人工智能鱼的感知是对真实鱼类感知的模拟，模拟真实的鱼类生理结构。自然界的鱼类本身就具有自主决策能力，它们通过对其他鱼类或者外界环境传过来的信息进行分析和处理并产生相应的行为。此外，鱼类对这些信息的处理及所采取的决策行为主要依靠鱼类的感知模块、认知模块和行为决策模块来具体实现。建立的感知和认知模型是为了描述人工智能鱼从外界获取信息，对信息进行处理，完成目标任务，最终由运动器官完成运动行为的整个过程。

人工智能鱼建模系统中每个模块各负其责，对外界环境信息及自身内部产生的信息进行处理，从而产生复杂的智能行为。人工智能鱼的感知和认知模块如图 3.1 所示。

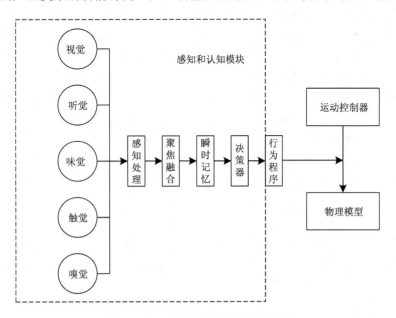

图 3.1　人工智能鱼的感知和认知模块

如图 3.1 所示，感知和认知模块会对产生的信息因子进行甄别，并利用感觉器官如视觉、听觉和嗅觉等来获取当前的信息，并进行一定聚焦融合处理之后，结合瞬时记忆传递给决策器，供人工智能鱼做出各种行为。

对于水下机器鱼，它的感知和认知是通过各种传感器模拟和实现的，传感器性能的优劣直接决定了机器鱼的性能，并起到至关重要的作用。近年来，机器鱼传感技术在海洋工程和海洋资源勘探领域受到了广泛关注。一方面，机器鱼需要感知环境，进行自主导航和避障；另一方面，机器鱼还依赖于传感技术的保障来执行各种实际应用的任务，例如水下目标检测、水下抓取和水下高精度 3D 测量等。因此，机器鱼传感技术发挥着越来越重要的作用。机器鱼的传感器类型主要有仿生人工侧线传感器、水声传感器、水下电磁感应传感器和水下光学传感器。

鱼的侧线系统分为机械感受系统和电感受系统。其中，机械感受的侧线系统存在于所有鱼类、水生两栖动物及感知皮肤表面周围的水运动的一些生物。人工侧线（artificial lateral line, ALL）系统作为一种仿生设备，主要模仿的就是机械感受的侧线系统，可以检测水下流速、帮助水下潜水器或者机器鱼导航。目前，全世界很多学者开始研究侧线系统，这是一种非常新的水下流速传感器，可大大提高机器鱼的可操作性。ALL 传感器根据位置可以分为两种：一种是在载体的表面；另外一种是内置其中。相比当前已经存在的流体测量技术，比如车轮流量计、压力探头、热线风速表和声学多普勒测速，ALL 传感器更灵活，且适合于分布式阵列。ALL 传感器根据传感器种类可以分为两种：一种是现成的压力传感器的组合；另一种包含分布在表面的人工传感器感知平台。通过应用塑性变形磁组件技术和微机电系统的发展，许多学者设计并制造了各种 ALL 传感器。目前，ALL 传感器主要涉及以下几种原理：压致电阻效应、压电效应、电容原理和光学读出原理。未来，ALL 的功能将更加丰富和智能化，也将使机器鱼具有更广阔的发展前景和应用领域。

水声测距或水下成像传感器主要包括单波束声呐、侧扫声呐和多波束声呐。单波束声呐通过接收传感器所发出的短脉冲声信号波束，并根据行程时间对淹没物体的深度进行测量。侧扫声呐由控制单元、拖曳体、电缆和记录器等子模块组成，旨在对地形、地质及矿物信息进行详细的测量，并可以执行对目标的搜索和跟踪。多波束声呐是多个单波束声呐的组合，可通过行程时间获得水下目标的高精度方向和深度值信息。水声定位传感器可以对被测物体的位置进行测量。由于声呐可以对中远程水声图像的数据进行获取，所以，声呐被广泛用于水下目标的检测和跟踪。基于声呐的目标检测和跟踪是通过对采集数据的精确处理实现的，但这种方法耗时且影响声呐传感器的性能。

水下电场传感可使机器鱼在复杂的水下环境中进行通信，并有效避免声学多径效应。研究人员受南美洲电鳗和非洲管鱼的启发，开发了一种基于仿生电场的通信系统，可以在复杂的水下环境中进行有效通信。水下磁感应具有隐蔽性高、探测性能强、定位精度高等优点，因此，基于磁感应的水下传感器可以在复杂的水下环境条件下工作。

光学传感器通过捕获周围环境的光信号从而获取周围环境的信息，能够提供更高的分辨率。然而，由于复杂的水下光照条件，光学传感器只能实现短程的传感应用。

3.3　虚拟鱼感知和认知的仿真与设计

3.3.1　基于 YOLO 模型的虚拟鱼物体辨别能力仿真

鱼在水中靠着视觉来躲避天敌或觅食等。虚拟鱼感知系统的主要功能之一是辨认出视觉范围内物体是什么，这与计算机视觉中的目标检测任务是一致和相似的，目标检测的任务就是找出图像中所有感兴趣的目标，然后确定它们的类别和位置。

1. YOLO 目标检测网络

在用于目标检测的卷积神经网络中，YOLO 是比较合适的。YOLO 是单阶段的目标检方法，单阶段目标检测方法是指只需一次提取特征即可实现目标检测，其速度比多阶段的算法快，能够实现目标检测的实时要求。

YOLOv5 官方代码中给出的目标检测网络中一共有 4 个版本，分别是 YOLOv5s、YOLOv5m、YOLOv5l 和 YOLOv5x 4 个模型。其中，YOLOv5s 网络是 YOLOv5 系列中深度最小、特征图的宽度最小的网络，其余 3 种都是在此基础上的不断加深、不断加宽的版本模型。因为人工智能鱼的目标识别对时效性的需要更高，所以这里选用深度最小、特征图宽度最小的 YOLOv5s 网络。

2. 网络模型及网络结构

目标检测的网络结构主要包括输入端、骨干网络、颈部网络、头部网络和输出端，如图 3.2 所示。

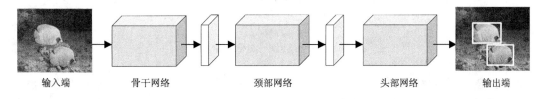

输入端　　　骨干网络　　　颈部网络　　　头部网络　　　输出端

图 3.2　目标检测的网络结构

输入端表示输入的含鱼类图片，该网络的输入图像大小为 608×608 像素，该阶段通常包含一个图像预处理阶段，即将输入图像缩放到网络的输入大小，并进行归一化等操作。在网络训练阶段，YOLOv5 使用 Mosaic 数据增强操作提升模型的训练速度和网络的精度，并提出了一种自适应锚框计算与自适应图片缩放方法。

骨干网络通常是一些性能优异的分类器的网络，该模块用来提取一些通用的特征表示。

颈部网络通常位于骨干网络和头部网络的中间位置，利用它可以进一步提升特征的多样性及鲁棒性。虽然 YOLOv5 同样用到了 SPP 模块、FPN+PAN 模块，但是实现的细节有些不同。

头部网络和输出端用来完成目标检测结果的输出。针对不同的检测算法，输出端的分支个数不尽相同，通常包含一个分类分支和一个回归分支。YOLOv5 利用 GIOU_Loss 来代替 Smooth L1 Loss 函数，从而进一步提升算法的检测精度。

3. YOLOv5 实现过程

YOLOv5 的骨干网络是将 CSP 结构融入 DenseNet 构成的 CSPDenseNet。在目标检测任务中使用 CSP 结构有如下好处：加强 CNN 的学习能力、消除计算瓶颈和降低内存成本，既减少网络的计算量及对显存的占用，又保证网络的能力不变或者略微提升。CSPDenseNet 结构如图 3.3 所示，每个阶段先将数据划分成两个部分：part1 和 part2。在 YOLOv5 网络中，part1 和 part2 的划分是通过两个 1×1 的卷积层来实现的；part1 会绕过密集模块，成为下一个过渡层的输入的一部分；part2 后是一个密集块和一个过渡层，每个密集块由 k 个密集层组成，处理完毕后，最后再将两个分支的数据在通道方向进行拼接和融合。

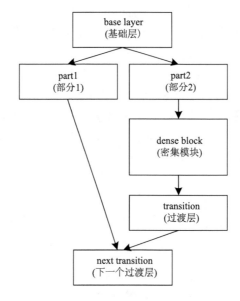

图 3.3　CSPDenseNet 结构

YOLOv5 不仅使用了 CSPDenseNet 结构，而且使用了 focus 结构作为基准网络。focus 层的原理是采用切片操作把高分辨率的图片(特征图)拆分成多个低分辨率的图片或特征图，即隔列采样和拼接。focus 模块是图片进入骨干网络前，对图片进行切片操作，如图 3.4 所示。具体操作是，在一张 patch 图中每隔一个像素获取一个值，类似于邻近下采样，这样就得到了 4 张特征图，4 张特征图信息互补，因此，输入通道就扩充了 4 倍；最后将得到的新特征图再经过卷积操作，最终得到了没有信息丢失情况下的 2 倍下采样特征图。

4. 训练和测试过程

首先训练出适用于虚拟鱼的目标检测模型，然后把训练好的模型加装到虚拟鱼上，这就能让虚拟鱼具有物体辨别的能力，使它能够通过视觉分辨出物体是捕食者还是食物。这个例子中用到的图片数据是大鱼吃小鱼的系列视频截图。

1)环境的配置

本章所用环境：代码版本 YOLOv5 的 6.0 版本；Pytorch：1.6.0；Cuda：10.1；Python：3.7。通过 git 命令将 YOLOv5 源码下载到本地，创建好虚拟环境，并通过命令 pip install -r requirements.txt 安装依赖包。

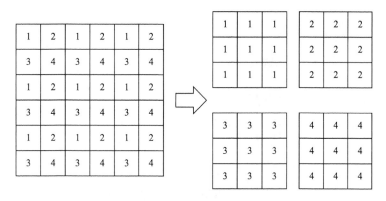

图 3.4　focus 模块

2) 数据集的准备

在训练 YOLOv5 时，需要对图片打标签，标注出图片中物体的位置和种类。标注的格式有许多种，这里需要标注成 YOLO 格式的。如果选用的是 COCO 格式数据集，也同样需要把 COCO 格式数据集转换成 YOLO 格式的数据集。训练图片的准备，需要截取虚拟环境中含有各种物种的图片，然后再人工地为含有各个物种的图片打标签，为训练模型做准备。

(1) 采集数据。在虚拟鱼环境中采集包含物种的图片信息。使用 Python 脚本对大鱼吃小鱼的视频进行截图，获取若干图片，再将采集到的图片做好标签。这里使用的是 Make Sense 在线标注工具，无需下载即可使用，十分方便。Make Sense 标注鱼类界面如图 3.5 所示。

图 3.5　Make Sense 标注鱼类界面

(2) 组织数据集。将准备好的数据按照 YOLOv5 要求的格式创建数据集文件夹，注意放入文件中的 images 和 labels 要能一一对应。图 3.6 所示为数据集中各个种类鱼个数的可视化结果。其中，fish0 标注的是处于食物链最底层的鲫鱼；fish1 是黄色刺尾鱼；fish2 是狮子鱼；fish3 是天使鱼。

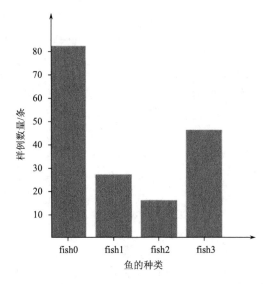

图 3.6　各种鱼类样例数量直方图

3）开始训练

（1）修改数据集配置文件。对 data 文件夹下的 voc.yaml 文件进行修改，直接复制了副本并将文件名修改为 newFishData.yaml，如图 3.7 所示。其中，train 和 val 分别对应刚刚建立的放置图片的文件夹路径，nc 为类别数，names 为对应的类别名称，其余内容均可删掉。在本章用到的大鱼吃小鱼数据集中按照摄食等级依次有 4 种鱼，依次命名为 fish0、fish1、fish2 和 fish3。由于数据中一共有 4 种，newFishData.yaml 文件中的 nc 设置为 4。

```
train: newFishData/images/train # 16551 images
val: newFishData/images/val # 4952 images

# number of classes
nc: 4

# class names
names: [ 'fish0','fish1','fish2','fish3' ]
```

图 3.7　newFishData.yaml 文件截图

（2）修改模型配置文件。YOLOv5 模型配置文件存放在 modules 文件夹下，在 yolov5s.yaml 模型配置文件的基础上对其修改。本实验将 yolov5s.pt 作为初始模型，在其基础上进行训练，所以要对 yolov5s.yaml 中的参数进行修改。其中，nc 为类别个数；depth_multiple 为模型深度超参数；width_multiple 为模型宽度超参数。在这里修改了 nc 参数，其余的没有改变。修改后的 yolov5s.yaml 文件截图如图 3.8 所示。

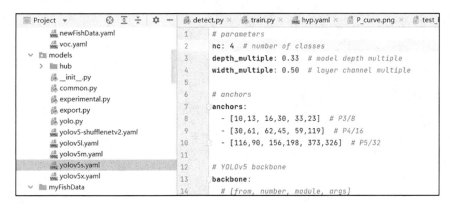

图 3.8　yolov5s.yaml 文件

(3)通过训练令：python train.py --img 640 --batch 16 --epoch 100 --data data/newFishData.yaml --cfg models/yolov5s.yaml --weights weights/yolov5s.pt，运行 train.py 文件。

训练参数说明如下。

IoU：全称为交并比(Intersection over Union)，在目标检测中计算的是预测的边框和真实的边框的交叠率，即它们的交集和并集的比值；重叠区域越小，IoU 越小。

GIoU：它相较于 IoU 多了一个 Generalized，当两个图像没有相交时，解决无法比较两个图像的距离远近问题，即 GIoU 完善了图像重叠度的计算功能。

Box：YOLO V5 使用 GIOU loss 作为 bounding box 的损失，Box 推测为 GIoU 损失函数的均值，越小方框越准。

Objectness：推测为目标检测 loss 均值，越小目标检测越准。

Classification：推测为分类 loss 均值，越小分类越准。

Precision：精度(找对的正类/所有找到的正类)。

Recall：召回率(找对的正类/所有本应该被找对的正类)。

mAP@0.5 和 mAP@0.5:0.95：mAP(mean Average Precision)是用 Precision 和 Recall 作为两轴做图后围成的面积，@0.5 表示将 IoU 设为 0.5 时，计算每一类的所有图片的 AP，然后对所有类别求平均，即 mAP；@0.5:0.95 表示在不同 IoU 阈值(从 0.5 到 0.95，步长 0.05)上的平均 mAP。

如图 3.9 所示，实验表明，训练了 100 个 epoch 的模型的 mAP@0.5 能到 0.9 以上。该 YOLO 网络能够准确地识别和分类出不同的鱼类目标，能利用 YOLO 让虚拟鱼具有辨别物种的功能。

当然，不同的应用环境需要的图片的数据集也是不同的，这里仅用大鱼吃小鱼的系列图像来举例展示，在不同的虚拟鱼环境中用 YOLOv5 实现视觉感知中的物种辨别功能，还需要采集相应环境的数据再重新训练。

3.3.2　融合情感的虚拟鱼认知行为设计

融合情感的虚拟鱼认知行为框架，不仅解决了传统框架下忽视内部状态的问题，而且引入了情感因素描述虚拟鱼的外部感知信息及内部状态信息，辅助虚拟鱼行为决策。融合情感的虚拟鱼设计框架如图 3.10 所示。

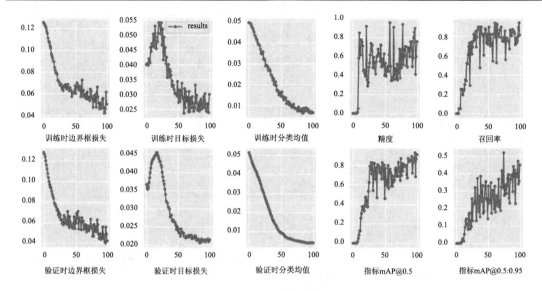

图 3.9　训练结果

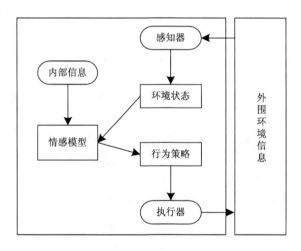

图 3.10　融合情感的虚拟鱼设计框架

　　从外围环境获取的信息传入认知系统(感知器)，从而识别对应的外部环境状态，再结合内部信息(记忆存储)输入虚拟鱼的情感模型，根据情感反馈产生相应的行为决策和意图，最后传入执行器，进而与外围环境信息交互。

　　本框架利用小脑模型关节控制器(cerebellar model articulation controller, CMAC)作为神经网络融合情感和记忆的认知系统进行对应的行为决策，能够产生认知指导下的优化行为，从而更符合鱼类的生理特性。

1. CMAC 神经网络

　　CMAC 神经网络是一种具有局部逼近能力的神经网络,学习速度快是其主要优势之一,主要应用于实时控制等方面。CMAC 神经网络的学习方式仅在线性的部分进行映射，它的收敛速度与反向传播神经网络等神经网络相比具有很大的优势，并且不存在许多神经网络所具有的局部极小缺陷的问题，这也是其主要优势。

CMAC 神经网络是由 J.S.Albus 等于 1975 年提出的一种神经网络模型，它的建立是以小脑控制肢体运动的理论为依据，是一种前馈型神经网络，并且通过多映射来表现其具有联想记忆功能。CMAC 神经网络具有精度高，速度快，可处理非确定性知识，以及能够逼近任意非线性函数等优点。CMAC 神经网络的结构如图 3.11 所示。

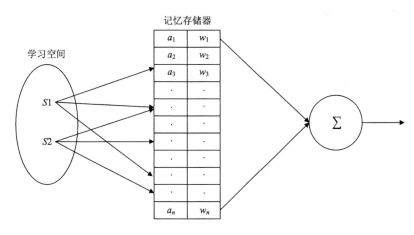

图 3.11　CMAC 神经网络结构

CMAC 神经网络的运算流程如图 3.12 所示。它是对输入数据进行一系列的映射，其中网络输入向量的具体维数是由对象来确定的。一般而言，首先需要借助于量化感知器 M 对信号检测器采集的输入量 S 进行量化处理；然后再把它传送至存储区域 A，用多维存储表格来存储；接着通过散列映射存储到实际存储器 AP 中，对于收到的每个输入变量将会激活实际存储器 AP 中的 C 个连续存储单元；最后，神经网络的输出是 C 个单元与其对应权值 w_i 的加权求和。C 称为泛化参数，它的值与神经网络的泛化能力密切相关。

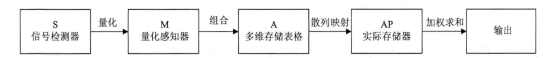

图 3.12　CMAC 神经网络运算流程

假设输入量 S 具有 m 个输入维数，并且其中每一个分量都划分成 q 个量化等级，那么 S 就有 q^m 种不同状态。这些状态都映射到存储区域 A 中，并会有相应的权值与之一一对应。如图 3.11 所示，输入向量在记忆存储器中存在交叠现象，表示相似的输入能够激活相同的记忆存储器，这充分表明此网络结构具有泛化的特性。假设输入向量 S_i、S_j 的不同之处采用海明距离表示，用 $c-d_{ij}$ 表示在 A 中的交叠数目。如果 $c-d_{ij}<0$，则表示不存在交叠现象；反之，则表示存在交叠现象，并认为那些区域是聚类。

CMAC 神经网络的主要特点如下。

（1）具有局部的泛化能力，表示输入向量在 CMAC 神经网络中只有小部分映射区域被改动，从而表明它具有学习速度快的特性，因此它比较适合于需要快速学习的领域。

（2）输入向量有限，它的输入向量要求提供每个分量的最小值及最大值。只有输入向量在此范围内，网络才能有合适的输出。

（3）它适用于离散的输入，因此对于连续输入的值需要进行量化。

（4）学习速度快，由于它的局部泛化及线性加权的特性，使得它的学习速度比大多数多层感知器要快。

（5）计算量小，它的每一个输出的计算量都很小，一般是 n 个权值的线性加权求和。

（6）它能够逼近表达多维输入及输出信号之间的复杂非线性函数关系，它是利用样本的训练来学习函数之间的联系，不需要任何有关函数的先验经验，是一个非监督的神经网络。

（7）易于实现。由于它的结构相对简单，所以在硬件或者软件上实现相对比较容易。

（8）内存空间的需求较大。相比其他神经网络，它需要的内存空间更大，而且是以指数级增加。因此，当遇到数据量很大的时候，需要进行哈希映射，以减少内存空间的需求。

2. 情感推理模型

本章从虚拟鱼的行为决策角度出发，建立一种新的模糊情感推理模型，在模型设计过程中主要考虑如下情感特性。

（1）情感具有模糊特性。研究表明，对情感的评价与许多其他评价方式相类似，都具有模糊特性的特点。生物对象可以在任何时间获取到某种情感（如恐惧），但对象虽然能了解情感强度的大致范围，但无法精确描述其等级。

（2）情感是对信息的综合评价。情感是联系自身内部状态信息及外部周围环境信息的桥梁，这是支撑我们的研究内容的重要依据之一。

（3）情感对对象行为决策产生影响。对象在行为决策过程中，不同的情感状态对应不同的行为决策。

众所周知，每种生物都存在着许多基本情感，这些情感状态与感知器获取到的信息紧密相关。这里主要选取恐惧、兴奋及快乐 3 种具有代表性的情感对虚拟鱼进行行为决策。其中，恐惧情感是所有生物对象最基本、最原始的情感，它是所有生物向前进化的主要因素；而兴奋及快乐是所有生物最常见的情感。这里主要用虚拟鱼与危险源之间的度量距离来计算虚拟鱼的恐惧情感等级，用虚拟鱼与食物源之间的度量距离来计算虚拟鱼的快乐情感等级，用虚拟鱼自身的饥饿程度来计算其兴奋情感等级，因此建立一个三输入和三输出的情感推理模型，如图 3.13 所示。其中，输入为虚拟鱼与危险源和与食物源的距离，以及

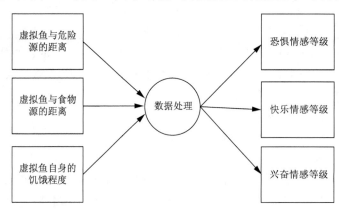

图 3.13　情感推理模型

自身的饥饿程度，输出为 3 种情感等级，其取值范围为[0,1]。

恐惧及快乐的情感等级计算方式如图 3.14 所示。首先将虚拟鱼感知范围通过距离划分成 5 个区域，并将情感状态划分成 5 个等级，通过感知区域确定情感等级，并且为了体现情感模糊性，在等级之间设置重叠区域，即如果感知区域对应多种情感等级，则采用随机概率的方式来选择具体对应的情感等级。兴奋情感等级的计算方式类似于恐惧情感等级的计算方式，其主要区别在于利用自身饥饿程度确定兴奋情感等级。

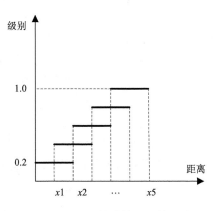

图 3.14　情感等级计算方式

虚拟鱼的饥饿函数如式(3-1)所示。式中，t 表示时间；u 表示所捕食鱼的大小；p 表示消化率，取值为[0,1]；c 表示摄食的最大量，并同样将其划分成 5 个级别。

$$H(t) = \min[1 - \exp(u(1 - p\Delta t) / c), 1] \tag{3-1}$$

3. 融合情感的虚拟鱼行为决策

这里以捕食及随机游动作为虚拟鱼主要行为，根据知识经验，建立以情感等级为输入、行为决策为输出的学习样本，并利用 CMAC 神经网络对其进行学习训练。虚拟鱼的行为学习是为获得最合理的行为决策，不断地调整自身行为方向的过程。当虚拟鱼执行某种行为后，其周围环境信息及自身内部状态可能发生改变，这些变化的信息将影响虚拟鱼的情感状态，而情感状态的变化又将改变其行为策略。CMAC 神经网络通过不断的学习，为虚拟鱼进行较合理的行为决策提供帮助，其行为设计流程如图 3.15 所示。

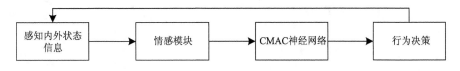

图 3.15　融合情感的虚拟鱼行为设计流程

融合情感的个体虚拟鱼行为决策方案如下描述：首先是虚拟鱼感知外部周围环境信息及内部状态信息，将这些信息作为模糊情感推理模块输入，模糊情感推理模块通过对信息的处理，得到相应的情感等级，然后将获取的情感等级作为 CMAC 神经网络的输入，再利用已训练好的 CMAC 神经网络计算相应的行为决策，最后将行为作用于环境。

将 CMAC 神经网络的输入定义为三维输入，并且将每一维输入都划分成 5 个子空间，因此具有 125 个空间区域，每个空间区域都将对应一种输入。再根据 CMAC 神经网络特性，为显示网络的泛化能力，将每一组输入都对应 c 个权值的空间地址。CMAC 神经网络训练学习过程描述如下。

CMAC 神经网络将输入向量所激活的相应存储单元的权值累加之和作为输入向量的实际输出，如式(3-2)所示。

$$y(x) = \sum w_j \tag{3-2}$$

式中，$y(x)$ 为 x 输入向量所对应的网络输出；w_j 为第 j 个被激活的存储单元的权值。被激活的存储单元将进行权值修改，采用 Widrow-Hoff 规则，即用最小均方差算法(least mean square, LMS)来计算和优化神经网络的权值，如式(3-3)所示。

$$w_{ij}(t+1) = w_{ij}(t) + \frac{\beta}{c}(y_{iq} - y_{ia}) \tag{3-3}$$

式中，$w_{ij}(t)$ 表示第 i 个存储单元与第 j 个输出的网络权值；β 为网络的学习率，选取 β=0.9，学习率越大，学习速度越快，但是精度越低；c 为网络的泛化数，即泛化能力的大小；$y_{iq}-y_{ia}$ 表示网络的期望输出与实际输出之差。

3.4　本章小结

本章首先介绍了自然界鱼类的感知和认知的基础知识，并对所涉及的外界因素和鱼类相应的感觉器官进行了说明；鱼类通过相应的感觉器官接收外来的刺激，收集外界信息；其次，对鱼类的感知和认知能力进行建模与分析，将鱼类的感知认知功能模块化，每个模块各负其责，对外界环境信息及自身内部产生的信息进行处理，从而产生复杂的智能行为；随后，给出了虚拟鱼的感知和认知的设计思路；最后，介绍了虚拟鱼的感知和认知的仿真与设计。

第 4 章 鱼的游泳行为和能力

游泳行为是鱼类最基本、最常见的行为，贯穿了鱼类的整个生命周期。要制作逼真的人工智能鱼，对鱼类的游泳行为的仿生是必不可少的，因此我们需要了解鱼类的游泳方式、推进原理、效率和节能方式等，可以通过研究鱼类的游泳机制、游动方式和速度，以及鱼的节能原理和方式等来探究鱼类行为能力的机理，从而构建鱼类游泳的行为模型，以便设计出外形及动作相仿、行为机理相似和可自主运动的人工智能鱼。

4.1 鱼的游泳动作和鱼鳍的功用

鱼在移动时，尾巴(尾鳍)是作为一个发动机来使用的，其余的鳍用于驾驶和平衡。通过对机器的研究，有助于了解鱼是如何游泳的。大多数机器通过绕固定轴旋转的轮子或轴来提供动力，通常是匀速旋转。但在动物中这种安排是不可能的，因为身体的所有部分都必须由血管和神经连接。

鱼类是脊索动物的成员，与人类一样，它们也有脊骨。所有的鱼类都有几个共同的特征，比如都有脊骨，通过鳃呼吸，是冷血的。当鱼用它们的尾巴在水中移动时，它们是用脊椎作为杠杆的。肌肉通过收缩作为推拉杠杆的动力源。每块椎骨都铰接到下一块椎骨上，使得鱼只能在一个平面内运动。鱼通过向侧面摆动尾巴前进，而尾巴对水的阻力产生合力，推动鱼前进。当尾巴向一个方向摆动时，身体的前端，因为它在铰链的另一侧，必然倾向于向相反的方向摆动，如图 4.1 所示。

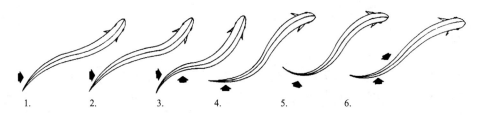

图 4.1　鱼的游泳动作分解

鱼类还具有一些功能，使它们能够在它们的环境中生存。它们的外表都被鳞片和黏液层覆盖，作为保护性外壳。鱼鳍能让鱼在水中游泳、转向和停留并保持直立。鱼类很好地适应了环境，这可以从它们的体型上看出来，如伪装、嘴部位置和各种行为。通过观察鱼的体型和行为、嘴和鳍的位置及游泳方式，可以推测鱼可能生活的地方、如何游泳和吃什么等行为习性。

鱼鳍赋予鱼类灵活性、稳定性和机动性，它们用于游泳、转向、制动和停留。每个鳍由一组肌肉控制。通常有两种类型的鳍：成对的(每侧一个)；不成对的，或中间(单个)鳍。

背鳍是不成对的中间鳍，有刺状或软射线，它们起到龙骨的作用，防止鱼旋转或滚动。

它们使鱼在水中保持直立或稳定，以便可以笔直地游泳。有些鱼用背鳍游泳，有些鱼只有一个背鳍，而有些鱼可能有两个或 3 个背鳍。背鳍的前部通常比后部厚，后部逐渐变薄，没有刺状射线。有些鱼如三角鱼，为了加强游泳的能力而使背鳍呈起伏状态；印鱼的背鳍则被改造成吸盘，以便附着在较大的鱼类身上。

尾鳍是一种未配对的中间鳍，它有助于推进和操纵鱼类。它最常用于产生游泳动力，并协助转向、制动和停留。尾鳍有多种形状，该形状决定了鱼的游泳速度。具有相同大小裂片的尾鳍是同尾鳍，如图 4.2(a) 所示；具有不同大小裂片的尾鳍被称为异尾鳍，如图 4.2(b) 所示。尾蒂是尾巴与身体相连的地方。如果尾蒂狭窄，尾鳍分叉，那么这条鱼会游得很快，如图 4.2(c) 所示。

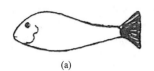 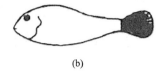 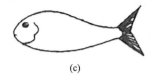

(a)　　　　　　　　　　　(b)　　　　　　　　　　　(c)

图 4.2　不同种类的尾鳍

除了尾鳍作为推动以外，其他鱼鳍则各有各的用处。背鳍具有稳定运动方向的作用，游泳速度较高时多半会倒下，以减少阻力；低速游泳时有些鱼类的背鳍会呈现波浪式运动，如图 4.3 所示。

臀鳍是位于尾部附近的未配对中间鳍。与背鳍一样，臀鳍也是一种在行动时起稳定和平衡作用的鳍，如图 4.4 所示。

图 4.3　背鳍　　　　　　　　　　图 4.4　臀鳍

胸鳍是成对的鳍，它们像人的胳膊和腿一样工作，用于转向和制动。有些鱼的胸鳍有不同寻常的适应性，例如，海知更鸟(红娘鱼)用它们爬行，鳐鱼用它们游泳，飞鱼利用它们在空中滑翔，如图 4.5 所示。

腹鳍也是成对的鳍，它们用于稳定和制动。有些鱼的腹鳍有特殊的适应能力，有些鱼用腹鳍行走或栖息，如图 4.6 所示。鱼类使用改良后的腹鳍进行交配，有些鱼(如鳗鱼)没有腹鳍，它们不能够在狭窄的地方游泳。

图 4.5　胸鳍　　　　　　　　　　图 4.6　腹鳍

　　鱼类除了用尾部或尾鳍的运动推动身体前进以外，还会形成一种压力场来影响推力的产生和控制来推动鱼类。通过精确地控制身体的波动，鱼类可以产生高低压区域的可移动涡流对，有助于它们游泳。以斑马鱼为例，当鱼将附着在脊柱上的尾鳍弯曲到一边时，它会加速；当鱼伸直身体时，它会回到中间位置。在完成一次尾巴摆动的过程中，就会在尾流中形成两个向相反方向旋转的涡核。这些涡核在鱼的相对两侧构成低压和高压区域。低压区产生的拉力和高压区产生的推力共同为斑马鱼提供推进力。这些高压和低压区域的运动共同促进了流体质量向后加速，同时在尾鳍的尖端向外推动流体。当鱼体呈 J 形时，高压区滑向尾鳍后方，低压区滑向尾鳍前方，尾鳍利用低压区将流体推向身体，并对鳍产生垂直向上的拉力；高压区在波峰处将流体推开，并在尾鳍上产生向上的推力。重复这一过程，斑马鱼便能够持续移动。由此得知，鱼类的游泳动作和能力与流体力学也是息息相关的。

4.2　鱼的游泳方式和速度

4.2.1　游泳方式

1. 周期性游泳与瞬时运动

　　鱼表现出各种各样的运动，可以分为游泳和不游泳。后者包括专门的动作，如跳跃、挖洞、飞行和滑翔及喷气推进。根据运动的时间特征，鱼类游泳运动被分为两大类。

　　(1)周期性(或稳定或持续)游泳，以推进运动的循环重复为特征。鱼利用周期性的游泳，以大致恒定的速度游动较大的距离。

　　(2)瞬时(或不稳定)运动，包括快速启动、逃生操作和转弯。短暂的运动持续数毫秒，通常用于捕捉猎物或躲避捕食者。

　　大多数鱼类通过将身体弯曲形成向后移动的推进波来产生推力，这种推进波延伸到它的尾鳍，这是一种归类于身体和/或尾鳍 BCF 运动的游泳类型。其他鱼类发展出了替代的游泳机制，包括使用它们的中鳍和胸鳍游泳，称为中鳍和(或)成对鳍 MPF 运动。

　　鱼可能同时或以不同的速度表现出不止一种游泳方式。中间鳍和成对鳍通常一起使用，以提供推力，每个鳍贡献不同，实现非常平滑的轨迹。此外，许多鱼类通常利用 MPF 模式觅食，因为这种模式提供了更大的机动性，可以在更高的速度和加速度下切换到 BCF 模式。

2. 常见的几种游泳模式

　　鱼类已经形成了各种各样的游泳方式，以帮助它们觅食、逃离捕食者或在栖息地中四处移动。科学家根据鱼类游泳的摆动幅度大小将鱼类游泳模式定义为 7 种：鳗形模式、局部波状模式(鳕鱼型)、波状模式(鲹鱼型)、跳跃模式(金枪鱼型)、振动模式(箱鲀型)、喷射模式(鱿鱼型)、拍动模式(鳐鱼型)。

1)鳗形模式

　　该模式中，鱼体的所有部分都参与游泳运动，形成从一边到另一边的相对幅度比较大的波动，如图 4.7 所示。一般在鱼体上的波动至少包含一个完整的波长，这意味着侧向力相互抵消，鱼体不会向两侧漂移，保证运动方向稳定向前。典型的是鳗鲡和八目鳗。尽管以这种方式游泳尾部摆动幅度很大，但是速度并不高。使用鳗形游泳方式的鱼像蛇一样在水中移动，这种方式是细长鱼和小鳍鱼的典型游泳方式。

2）局部波状模式

局部波状模式是最常见的游泳方式，如图 4.8 所示，在开阔的远洋水域中，鱼类的速度快、力量强。鱼的尾巴在水里横扫，大多数以这种风格游动的鱼都是活跃的食肉性动物。它们身体的运动以波状游泳方式进行，与鳗形运动很相似，它们之间的主要差异是局部波状模式中鱼类身体的前部摆动很小，而身体的后半部或 1/3 部分摆动明显，例如鳟鱼，此类鱼的游泳加速度较大。

图 4.7　鳗形模式　　　　　　　　　　图 4.8　局部波状模式

3）波状模式

波状游泳模式，身体的波动进一步被限制在 1/3 鱼体长部分，推进力主要由较坚硬的尾鳍提供，如图 4.9 所示。由于侧向水流和漩涡形成时的能量损失很少，游泳效率大大提高，使得波状游泳的速度比鳗形和局部波状的要快得多。但由于它们具有比较坚实的鱼体，故回转和加速能力要差一些。此外，侧向推力集中在鱼体的后半段，故身体前部受到反向的后坐力有增大的趋向。

图 4.9　波状模式

4）跳跃模式

跳跃模式是鱼在水环境中运动的最有效的游泳方式，可长时间保持高速的巡航速度。这类鱼的身体具有完美的流线型，尾鳍坚硬而高，呈新月状，且尾柄非常细，该运动 90% 的推力来自尾鳍，如图 4.10 所示。采用该游泳方式的有金枪鱼、海豚等。采用此类模式的鱼游泳速度比较高，往往能长时间保持高速游动。

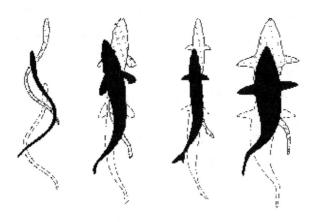

图 4.10　跳跃模式

5) 振动模式

除了波动模式以外还有一种振动模式。有些鱼类的身体非常坚硬，只能靠坚硬的尾鳍进行摆动或振动，如长脚屯海马，一般它们的游泳速度很低。还有些鱼类是在采用划桨式低速推进(MPF)的同时，还采用尾鳍的摆动作为附加的推力，以获得稍高一点的运动速度。一般而言这是一种低效率的游泳方式。

6) 喷射模式

鱿鱼是采用喷射模式的典型鱼类，如图 4.11 所示。它是唯一真正的游泳无脊椎动物，与鱼类和哺乳动物在大海中生活和竞争，但它们使用的推进系统与它们的捕食者和竞争对手完全不同。关于鱼类的波状和振动游泳已有很多研究，但对鱼身体运动与推进力和阻力相互作用的复杂性仍然无法完全描述。相比之下，喷射推进系统似乎在本质上更简单。鱿鱼实际上使用了鳍波动和喷射的组合，喷射可以以任何角度直接推动身体平面下方的半球部分，它们的运动行为完全可以与暗礁鱼相媲美。

图 4.11　鱿鱼

7) 拍动模式

拍动模式主要使用胸鳍作为推进动力。鱼鳍在鱼类的推进中常起着决定性的作用，大多数硬骨鱼类主要靠尾鳍和身体的摆动实现推进。但鳐有些特殊，它们身体扁平，且有着融合于颅骨的巨大胸鳍，鳐就是靠这特有的胸鳍来实现推进的，如图 4.12 所示。鳐的胸鳍的运动方式可根据胸鳍上摆动波的数目分为 3 类，胸鳍上的波数大于 1，称为波动模式，鳐科和魟科常采用此方式；蝠鲼科则常采用另一种模式——拍动模式，它们胸鳍上的波数小于 0.5；其他的介于二者之间的则称为半拍动模式。

鳐的运动方式也与它们的身体结构紧密相关。以细尾牛鼻鲼和萨宾魟为例，细尾牛鼻鲼胸鳍上的强压区主要集中在胸鳍前部和中部；而对于萨宾魟，在一个周期内强压区在整个胸鳍上移动。也就是说，细尾牛鼻鲼主要靠胸鳍中前部承载压力，而萨宾魟的胸鳍各部位承载的压力差不多。以上的力学性质是与鳐的骨骼相适应的。以波动模式运动的萨宾魟，为了保证胸鳍的柔性，骨骼钙化成链状，关节交错连接，因此，整个鳍都不能承受太大的压力；而对于以拍动模式运动的细尾牛鼻鲼，其胸鳍中部的骨骼交叉支撑，钙化成壳状，较为坚硬，因而这部分是鳍的主要承载区，可以承受远比波动模式更大的压力。

图 4.12　鳐

有些鱼则不适合上述几种的游泳模式。比如，有的鱼用尾鳍以外的鳍游泳，它们使用精确的动作，通常以固定的食物为食；带鱼用胸鳍游动；三角鱼和天使鱼摆动背鳍和臀鳍游泳；海马振动它们的背鳍和胸鳍游泳。此外，一些鱼可以以不同的方式"行走"（即使用胸鳍和骨盆鳍在滩涂地上爬行），在泥泞中挖洞，跳出水面，甚至在空中暂时滑翔。

4.2.2　游泳速度

1. 速度分类

鱼类游泳的速度有很多种，不仅在速度高低上有很大的区别，而且在采用的场合和时间长短上也有很大差异。游速往往都与鱼类所处的环境和气息状况有关，在水族箱中的鱼类往往缓慢地游荡，而在大型水族馆中可以看到有些鱼一圈一圈地游动，从来不见它们停下来。游速的单位常用每秒多少米(m/s)或者每秒多少体长(BL/s)表示，有时候描述较快、较远的距离用每小时多少千米(km/h)表示。

1) 突进速度

突进速度是鱼类受惊时或逃逸时爆发的最高速度，一般只能坚持几秒钟。有记录表明其运动速度可达每秒 10 倍体长以上，通过消耗肌肉中的蛋白原，迅速产生大量能量以保持高速运动。由于瞬时大量消耗液氧运动产生的氧，需要较长的休息恢复时间。待能量恢复，包括肌肉中的蛋白原重新储存后，才有可能再次采用该速度进行运动。这种速度往往短暂出现在逃避或不定时的过程中。

2) 巡航速度

巡航速度是指鱼类一般游泳速度的平均值。表现为鱼类及群体洄游速度或长时间采用的在索饵和漫游等状态下的速度的平均值。例如，鱼群从甲地到乙地的距离除以所用的时间，得到巡航速度。

3）最高持续游泳速度

最高持续游泳速度也称"最高巡航速度"。鱼类在较长的时间里可保持持续的最高速度一般为 0.5～2m/s。

2. 影响游泳速度的关键因素

1）环境温度

温度关系到水阻力和水体中的含氧量，还影响肌肉收缩放松的时间，也与鱼尾摆动频率相关。

2）鱼体体形

鱼类游泳与其体形、体长、密度、血管系统和骨骼等特征有着密切关系。例如，鲣鱼和金枪鱼都具有适于迅速游泳的纺锤型体形，身体密度接近周围海水密度或稍重，因而此种鱼类很容易浮沉，并且具有劈水性良好的尖吻，两颚紧闭，这种形态特点被认为是能迅速前进的特征。这些鱼类都有游泳速度快的特点，游泳时受到的阻力最小。

3）游泳方式

鱼类采用全波或半波的游泳方式，以及改变鱼体上下摆动的幅度方式等，可达到不同的游泳速度和回转速度。鱼由全波游泳方式改变成半波游泳的方式，同样摆动一次鱼尾，游泳速度将提高一倍。当然，半波游泳方式消耗的能量要大大增加，因此，采用这种方式游泳的鱼类都必须拥有像海豚和金枪鱼一样发达的肌肉。

金枪鱼的游泳速度在鱼类中数一数二，它们拥有光滑的流线型身体，也是游动速度最快的远洋鱼类之一，瞬时速度可达 160km/h，平均时速约为 60.80km/h。但是由于金枪鱼的鳃部已经退化，不能像其他鱼类一样自主呼吸，所以它们需要不断地运动使水流直接从口中撞击鳃孔来获得氧气。

金枪鱼有许多片层(鳃膜)和非常薄的片层壁，能够从水中提取比任何其他鱼类更多的氧气。为了能保持氧气的供给，它必须不分昼夜不停地快速游动使水流不断地进入鳃部以获得水中氧气来维持生命，如果停止游动，金枪鱼就会面临窒息的危险。金枪鱼也因为这个特性获得海中"无足鸟"的称号。

4.3　鱼的节能原理和方式

天空的鸟飞翔一段时间后就需要找个落脚的地方歇息，那水里的鱼游累了也要找个地方"歇歇脚"吗？其实鱼类和鸟类一样，在水中的游动也会消耗大部分的能量，但是鱼类并不会沉入海底去休养生息，而是利用不同于鸟类的节能机制去补充自身的能量损耗。在探讨该节能机制之前，首先要了解鱼类的耐久力。

4.3.1　耐久力的生理构造

鱼类保持其速度、长时间持续游泳的时间为耐久力。鱼类游泳主要靠肌肉收缩摆动尾鳍而运动，而肌肉分为白色肌肉和红色肌肉两种，如图 4.13 所示。肌肉中能量的储

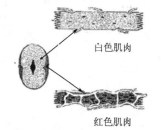

白色肌肉

红色肌肉

图 4.13　白色肌肉和红色肌肉

藏和转换方式不同，适应的运动方式也不同。

　　白色肌肉在鱼体中占较大部分，能快速进行收缩，主要是进行无氧分解，将热量转化为摆动鱼体的机械能，在这过程中会产生乳酸。该过程的特点是可以在短时间内产生大量能量，但恢复的时间较长，长达 24h。所以，为了达到高速运动，采用爆发式的突进速度时往往使用白色肌肉，但其中储藏的能量很快就消耗完，所以持续时间短暂。红色肌肉在鱼体中只占很少部分，适用于慢速收缩、低频率摆动尾鳍和长时间的运动。红色肌肉上分布有丰富的血管网，所以呈红色。它主要通过从水中提取氧气，使肌肉中的脂肪和蛋白质氧化来产生热能。由于可以不断地从水中提取氧气，故而能够适应长时间运动的需要。因此，红色肌肉更适合在长时间内高速运动的鱼类，比如，金枪鱼的红色肌肉要比大多数其他鱼类多得多，如图 4.14 所示。

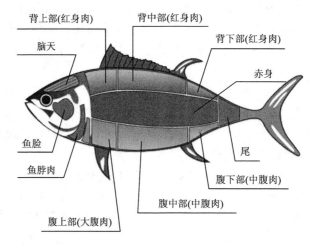

图 4.14　金枪鱼的肌肉分布

　　鱼类游泳时是白色肌肉和红色肌肉共同作用的。1981 年，周应祺教授在假定鱼体内脂肪和蛋白质的供应是丰富的，而糖原储藏是有限的条件下，根据能量守恒和流体力学知识的数学模型计算分析，获得鱼类游速与耐久力的关系曲线，如图 4.15 所示。

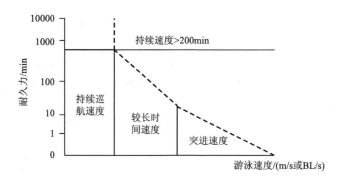

图 4.15　鱼类游速与耐久力的关系

　　由图 4.15 可知，鱼选择采用的游泳速度将决定该速度下的耐久力。一般来说，鱼的游速越快，消耗能量越快，耐久力越小。因此，像金枪鱼这样游速较快的鱼类，必须有一种理想的节能模式来保证其自身的能量储藏。

通过对鱼类的行为的观察发现，鱼类的游动速度是时刻变换的，当鱼类被驱赶一定时间后，往往会改变连续摆动尾部的游泳方式，而采用"加速—滑翔"模式。在该模式下的推力呈断续状态，在速度加速到某一上限时，就停止摆尾，推力为 0，转变为滑翔；当速度降低到某一下限时，再次摆尾加速。经过多次实验表明，"加速—滑翔"游泳模式相对均匀速度游泳模式，在大多数情况下能够节省 20%～60%的能量，是鱼类游泳行为中最理想的游泳模式，在多数鱼类游泳中均能得到运用。

4.3.2　特殊的节能方式

鱼类可以利用鱼鳔来保持自身在水中的平衡，通过充气和放气来调节身体的比重。这样，鱼在游动时只需要最小的肌肉活动，便能在水中保持不沉不浮的稳定状态，这也不乏是一种有效的节能方式。鱼鳔的位置如图 4.16 所示。

图 4.16　鱼鳔的位置

实验表明，鱼鳔对升降运动中的调节作用很小，并且缓慢。但是鱼鳔在鱼体中占有一定的空间，对鱼体在水中的浮沉状态起到辅助作用。并且鱼鳔可以使鱼体保持一定比重，使得不同的鱼可保持在特定水层中进行捕食和栖息，如图 4.17 所示。

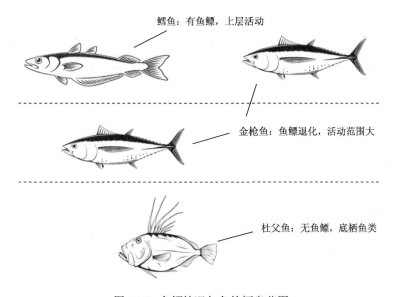

图 4.17　鱼鳔情况与鱼的栖息范围

不幸的是，"无足鸟"金枪鱼的鱼鳔早已退化，无法通过鱼鳔来控制身体浮沉，只能时刻不停地摆动它那健壮的尾鳍昼夜不眠地在海中穿行，金枪鱼也因此被称为"海洋旅行家"。它们靠不间断的游动来获取氧气和寻找食物，每天的行程可达 230km，无休止地穿梭在无尽的深海大洋中。

4.3.3　鱼类运动的减阻原理

1. 鱼身具有低阻力的外形

许多鱼体近似于椭球形状，其纵轴与铅垂轴之比约为 3∶7，比如，鲭鱼的肩（最大高度处）在身长 60%处，而在肩后鱼身很快收缩成尾柄。这样的外形可以保持边界层为层流状态，而且不致引起流动分离。这些鱼通常具有扁椭圆截面，这是生态上的一种折中，因为从低阻考虑，最好是纺锤体的圆截面，但从增加附加质量效应或从增加机动性（如转向）考虑，又要求扁平，人们可以从鱼的外形上发现其天工之巧。

2. 鱼类控制边界层流态的能力

不同的鱼类具有不同的边界层流动控制。

第 1 类情况是保持边界层的流态。例如，有些鱼在皮上有孔，皮下有槽，可以沟通边界层前后的压力差，增强流动的稳定性。还有一些鱼可通过后体上的许多孔喷水、吸水，其原理与当今的环量控制机翼相似。第 2 类情况是控制湍流边界层以减阻。许多游速较高的鱼类表面不是光滑的，而是由鱼鳞或其表皮形成凹凸沟槽。在当今航空领域中，表面沟槽的减阻效应已经得到证实，正付诸实际应用。第 3 类情况是控制流动分离。比如，鱿鱼皮上有许多突出物，具有旋涡发生器的作用，以阻滞分离。又如，有些鱼月牙尾前的尾柄上、下两侧往往有锯齿状鳍片，以减少月牙尾前的横流，并延迟气流分离。

3. 鱼体表面黏液的减阻作用

鱼体表面的黏液含有某种高分子聚合物，在某些条件下可对边界层中的湍流起抑制作用，从而减少摩擦阻力。2007 年，Harold 等的研究表明，梭鱼、大比目鱼和樽鱼等鱼类的黏液减阻作用都很可观，特别是一种梭鱼，在 1.5 %聚合物的浓度下减阻竟达 60%，但是鲭鱼和鲣鱼的黏液却未发现有减阻作用。有人推测，加速性能好的鱼才有这种减阻机制。1999 年，Sfakiotakis 等还发现，黏液对鱼表面上的旋涡生成能起到抑制作用。

4.3.4　特殊的游泳行为

鱼类游泳时也在尝试提高运动效率，它们会经常改变游泳行为。最近的研究表明，单条鱼长距离游弋可以增加它们的速度，或者利用肌肉系统的特点，以较少的能量消耗穿越给定的距离。因此，它们会找到远程巡航的最佳速度。某些快速游动的鲭鱼和石首鱼还会利用它们的负浮力，以渐进的方式滑行，增加深度，以保持最佳速度，然后积极游向上原始深度，这又将可能的游动范围增加了 2 倍。

在鱼类游泳过程中，在极短时间内达到爆发速度的游泳行为称为疾冲行为，该爆发速度称为疾冲速度。有研究报道，鱼类在疾冲游泳过程中，达到最大游泳速度后，有的鱼类会降低速度一段距离，使身体保持固定姿势以直线形式减速滑行，如锦鲤。但也有的鱼类在达到最大游泳速度后没有减速游泳这一过程，而是使身体保持固定姿势以减速滑行，如真鳕鱼。鱼类滑行游泳一般在其达到疾冲速度后进行，因此许多研究者将对鱼类疾冲游泳行为的研究拓展为对鱼类加速—滑翔游泳行为的研究，包括疾冲游泳加速度、疾冲速度和减速滑行过程中的加速度等内容。加速—滑翔游泳行为反映了鱼类在极短时间内逃避敌害和越过水流障碍的能力，是鱼类生活史中重要的游泳行为之一。

大多数高级鱼类具有中性浮力。因此，后一种效果不适用于这些。然而，人们注意到，即使在水族馆中，鱼也往往会在活跃的游泳和滑翔之间转换，同时朝着恒定的方向移动。与匀速游泳相比，这种行为可能具有优势，这是之前讨论的运动模式的一个共同特征。在能量消耗方面有很大的节省，这使得鱼类在使用这种游泳和滑翔组合方式时可以增加延续距离。

涉及快速启动反应的逃逸反应使鱼类能够避免其所处环境中突然出现的实际或潜在危险。缺乏快速启动反应的鱼类具有其他结构或行为上的应对。逃逸反应的运动学对于不同种类的鱼类来说是相似的。它被描述为一种固定的动作模式，包括身体肌肉组织的强烈单侧收缩，将鱼体弯曲成 C 形，然后尾巴向与初始收缩方向相反的方向强烈推进，结果是加速非常快，很短时间就能达到一定速度，随后鱼继续游泳或滑翔。

C 形快速启动通常由一对突出的神经元启动，与毛特纳(Mauthner)细胞相互作用的平行神经元网络控制第 1 阶段收缩的程度，但关于触发第 2 阶段的机制人们仍然一无所知。鱼类能否成功逃离捕食者，取决于其性能(速度和加速度)和反应时间，鱼类快速启动的性能主要是由白色肌肉决定的，还受其自身的尾鳍和身体长度所产生的推动力和灵活性的影响。在以前的研究中，人们一直关注鱼类的加速性能，实际机动性(转弯半径和转弯角度)在躲避捕食者方面也被认为发挥着重要作用。

4.4　人工智能鱼的游泳行为设计

4.4.1　虚拟鱼的局部波状模式设计

虚拟鱼的三维建模和仿真主要使用了 3DS Max 和 Unity 3D。不同视角的鲨鱼三维模拟效果如图 4.18 所示，主要借助该软件在模型上添加骨骼动画，让僵硬的模型动起来，使其有游动的动作，以增加其真实感。

首先，重置变换僵直的模型，转换为可编辑的多边形；其次，为了避免模型位置与骨骼位置发生偏差，在层次中分离模型与坐标轴；最后，分别将模型和模型坐标轴与世界坐标轴对齐，就可以添加骨骼，放大后的鲨鱼模型左透视图如图 4.19 所示。理论上骨骼越多，动作越细腻。为了简化模型，方便模拟，只添加了 4 个关节。接着就是逐帧制作动画，给模型每个不同的姿态(pose)加入关键帧，让它连起来是一个原地游动的动作。

完成以上操作完成后，需要将动画以 fbx 的格式导出，才能用作 Unity 3D 中的模型对象，如果以 3DS Max 默认的 max 格式导出的话，是无法在 Unity 3D 中使用的。接下来导入 Unity 3D 的项目中，新建一个预制件，将 fbx 模型直接拖到该预制件上，给该预制件添加一个动画器的组件，并在 Avatar 栏选择对应的化身，如图 4.20 所示。

Animator Controller 是控制模型动画的一个系统。模型所用到的所有动画都可以拖至其中，动画之间可以切换，切换的中间可以有过渡条件，从而实现单个模型在不同的条件下，播放不同的动画。

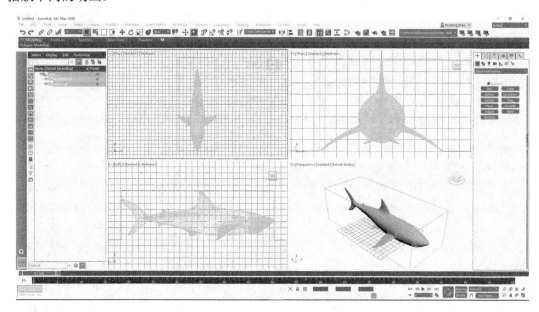

图 4.18　不同视角的鲨鱼三维模拟效果

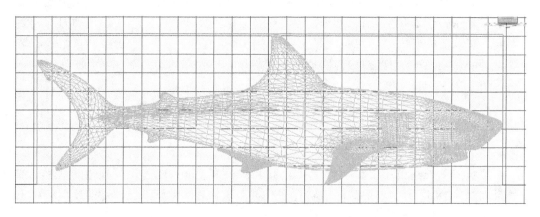

图 4.19　鲨鱼左透视图模型

图 4.20　动画器组件

这里想让鱼在播放时能自由游动，所以，在 Animation 文件夹下新建一个动画控制器，如图 4.21 所示。将鱼原地游动的动画拖入界面作为默认 State Machine 状态。在之前的动画器中，Controller 窗口添加刚做好的动画控制器，这个模型就可以在播放时游动起来。

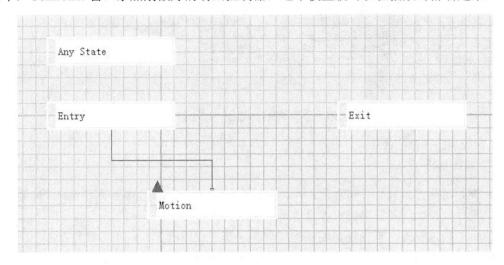

图 4.21 动画控制器界面

最后，在预制的网格中，在"材料"栏中加上鱼的贴图，就会有逼真的效果，如图 4.22 和图 4.23 所示。

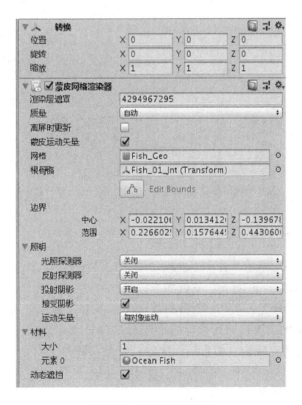

图 4.22 材料栏添加贴图

图 4.23　虚拟鱼的三维模型效果

1. 设计鱼体

鱼类的游泳方式分为许多种，为具体展现鱼的游泳方式，选取其中的一种"局部波状模式"进行模拟。本章选用旗鱼作为仿真对象。

旗鱼是很常见的，它主要靠尾部的摆动即局部波状模式进行游动。旗鱼在游动中，胸鳍也会进行划水从而产生一定的推力，因此，在设计模型时需要考虑这两个部位的运动。关于旗鱼模型设计，需要用到 3DS Max 软件，制作相应的模型并导入贴图，如图 4.24 和图 4.25 所示。

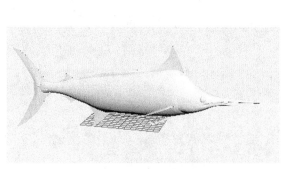 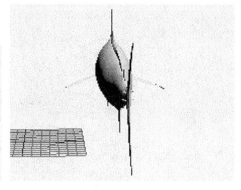

图 4.24　旗鱼的侧面模型　　　　　　　　图 4.25　旗鱼的背面模型

2. 水面真实感模拟和游速优化

柏林噪声(Perlin noise)是一种程序性纹理基元，是用于增加计算机图形平滑度的一种函数。该函数给定 x、y，返回一个随机的噪声值，噪声处处连续，又是平滑变化的，并且在给定 x、y 之前噪声是未知的、随机的，x、y 给定后，返回的噪声就确定了。柏林噪声的作用是让计算机生成的视觉元素模仿自然的纹理变化，使得产生的水面外观效果更加真实、自然。柏林噪声产生的水面自然纹理效果如图 4.26 所示。

图 4.26　柏林噪声产生的水面自然纹理效果

现实中鱼的游速并不是匀速的，而是时快时慢的。这里通过采用增加和减少随机数来控制鱼自身摆动和游动的速度，从而更好地模拟旗鱼的真实游速状态。

3. 局部波状模式的实现

鱼类的动画使用 3DS Max 进行制作。首先打开之前制作完毕的鱼类模型，开启软选择，如图 4.27 所示。在制作场景中单击鼠标选中鱼鳍和鱼尾部分，然后在右侧面板内修改器界面下，开始设置动画的关键帧，0 帧位置鱼类模型保持不动，同时初始化波浪的振幅为 0.0，如图 4.28 所示。接下来调整鱼类模型在不同帧数的摆动动作，比如选择 80 帧的位置，在"波浪"修改器内调整波浪的参数，"振幅 1"为 5.0，"振幅 2"为 5.0（由于鱼类需左右平衡摆动），"波长"设置为 100.0，"相位"设置为 59.0，如图 4.29 所示，这样就设置好了鱼类局部波状模式在 80 帧时的摆动幅度。可以尝试单击"播放"按钮，查看鱼类摆动情况，还可以进一步细化调整摆动速度和幅度等，使其满足局部波状模式的形态。

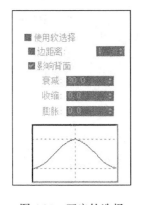

图 4.27　开启软选择　　　图 4.28　添加波浪修改器　　　图 4.29　修改波浪参数

以此类推，将鱼类在不同关键帧的不同摆动动作都做相应的调整，然后播放动画，就可以看见鱼类左右摆动的完整动画。制作完毕后，将动画导出为 fbx 格式。

在 Unity 3D 引擎内打开 fbx 文件，里面是网格体、take001 文件和 avatar 文件。将文件夹拖入 Hierarchy 界面内，选中该文件，在 Inspector 界面内，该模型已默认添加了 Animator 组件，且包含了 Avatar 文件，则该动画模型成功导入 Unity 3D 软件，如图 4.30 所示。

图 4.30　添加 Animator 组件

将 take001 文件拖到 Animator 下的 Controller 内，Unity 系统会自动创建相应的 controller 文件。将制作好的鱼类游动动画导入完毕，在 Unity 3D 中可以直接调用该模型，最终设计的效果如图 4.31 和图 4.32 所示。可以看到，通过设计鳍与鱼尾的规律摆动，便可以模拟旗鱼游动的波状模式。

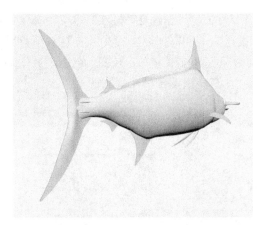

图 4.31　旗鱼游泳侧面一　　　　　　　　图 4.32　旗鱼游泳侧面二

4.4.2　机器鱼部分结构设计和功能模型

1. 尾部机械结构

尾部机械结构示意图如图 4.33 所示。尾部机械结构由两部分组成：摆动部分和驱动器部分。摆动部分根据尾部参数设计的两个关节来模拟机器鱼的尾部运动。

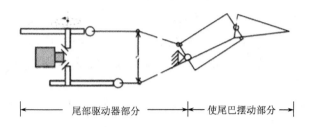

图 4.33　尾部机械结构

在尾部驱动器部分中，通过圆形凸轮的缩进运动，推动滑杆沿体轴方向运动，进而带动所有关节和尾鳍的摆动。通过计算合适的凸轮形状，可以实现滑杆在所有采样点的位置控制，从而驱动尾部适应鲹形推进机构。采用 DC 马达代替步进马达或伺服驱动器，可以提供更大的推进功率。

这种结构可以将马达的转动转化为鱼尾的摆动，以适应鱼体的波动。马达控制信号是线性的，而不是为适应鱼体波动而产生的复杂控制规律，所以易于控制。通过发送到机器鱼尾部的马达的不同信号，机器鱼尾可以执行运动，即加速、减速和匀速运动。

(1)加速：控制尾部马达的脉冲宽度调制(pulse width modulation, PWM)信号的占空比的增加导致尾部振荡频率的增加，这增加了速度。

(2)减速：与加速相反，PWM 信号占空比的降低可能导致速度的减慢。

(3)匀速运动：尾部马达匀速旋转，胸鳍稳定在水平位置。

2. 胸鳍及其机动性

鱼用鳍游泳和保持平衡，平衡主要由胸鳍控制的，它们也可以控制姿势。鱼类胸鳍的基本运动可以简化为两种：旋转和拍动。受鱼类特征的影响，给设计的机器鱼配备了一对胸鳍，每一个胸鳍都可以单独扇动，自由旋转，通过万向轴进一步带动发达，如图 4.34 所示。为了简化机械结构和控制，两个胸鳍的旋转运动可以是一致的，因此总共有 3 个自由度，每个自由度对应一个马达。当马达 2 转动时，两个胸鳍同步滚动以改变仰角。马达 1 和马达 3 在一定角度范围内前后转动，使左右胸鳍不断拍动，这种结构满足了移动的机动性。

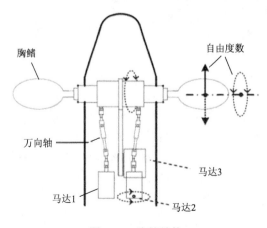

图 4.34　胸鳍结构

　　鱼鳍的运动是典型的节律运动，鱼通过控制尾巴和胸鳍的摆动频率和仰角来调整它在水中的姿态。一般来说，与胸鳍有关的鱼类运动可分为几种类型：急停、后退、转弯(左右)、俯仰(下沉和上升)、滚动(顺时针和逆时针)。机器鱼可以根据在水中执行的任务选择不同的运动组合。

　　(1)急停：胸鳍垂直稳定，同时尾巴停止摆动。由于水的阻力，机器鱼的速度迅速降低。

　　(2)转弯：机器鱼通过拍打左、右胸鳍，向右转、向左转。拍动频率由所需的转动半径决定，频率越高，转动半径越小。

　　(3)俯仰：通过调整胸鳍的旋转角度，机器鱼可以在游泳过程中潜入水中或上升。当胸鳍顺时针旋转到特定角度时，机器鱼因为水压上升到水面。类似地，当胸鳍逆时针旋转到潜入水中的角度时，鱼就潜入水中。

　　(4)滚动：机器鱼的右胸鳍逆时针向下运动，左胸鳍顺时针向上运动；这两个胸鳍同时运动带来机器鱼的翻转。

　　3. 机器鱼的功能模型

　　图 4.35 所示的仿生机器鱼模型，是在 2018 年世界机器人大会上，博雅工道(北京)机器人科技有限公司研发的一款工业级水下鱼型机器人 Robo-Shark。常见的机器鱼都具有视觉系统、传感器系统、控制系统、尾部结构、胸鳍系统等。

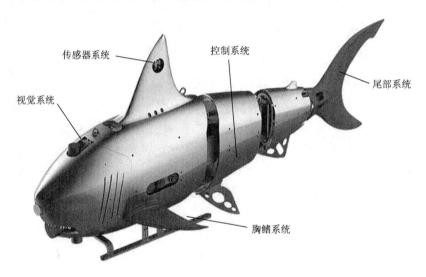

图 4.35　仿生机器鱼模型

　　(1)视觉系统，包括 CCD 摄像机、无线传输系统和电源。
　　(2)传感器系统，包括描述的各种的布局合理传感器，有相应的处理电路。
　　(3)控制系统，包括单片机电路、无线调制解调器、电源、马达控制和驱动模块。
　　(4)尾部结构，包括 DC 发动机、尾翼、凸轮和关节系统。
　　(5)胸鳍系统，包括 3 个伺服驱动器，传动装置和胸鳍。
　　机器鱼可以通过无线通信与上层控制台进行通信，它可以根据自己做出的决定和接收到的操作者的指令执行一系列适当的动作或行为。研究人员对具有新型机械结构和控制系

统的机器鱼进行了实验，实验结果证明，新型仿生机器鱼机械结构和控制系统具有良好
性能。

4.5　本 章 小 结

　　本章主要介绍了鱼的游泳行为和能力。首先，介绍了鱼的游泳机制，鱼的游泳原理主
要依靠躯干和尾鳍的摆动形成推进力量向前移动。除此之外，还涉及部分流体力学原理。
其次，介绍了鱼的游泳方式和速度，鱼的游泳方式多种多样，其游泳方式与身体构造密不
可分，不同的游泳方式和身体构造也对应着不同的游泳速度。再次，介绍了鱼的节能原理
和方式，并介绍了虚拟鱼游泳行为的设计，模拟出旗鱼局部波状模式的游泳方式。最后，
介绍了机器鱼的结构设计与功能原型。

第 5 章　鱼的典型行为规划和路径规划

行为是生物体的共同特征，也是生物体和周围环境相互影响的途径和手段。鱼的某种行为的发生取决于两方面的刺激，即鱼机体内部刺激和外部刺激。人工智能鱼的典型行为主要受其行为子系统调控，在典型行为过程中也会常常涉及游泳时的路径规划。

5.1　鱼的典型行为及其特征

简单地说，行为就是指对象的动态活动、变化，以及与环境和其他对象之间的交互关系。行为模型定义了动态对象响应内部激励的内部行为和响应外部刺激的外部行为及活动的特征。内部行为是动态对象本身所特有的活动特征，外部行为是该动态对象与环境中其他动态对象交互的行为。

参考自然界中的鱼，人工智能鱼的典型行为主要分为以下几种。

(1)捕食行为：鱼类的一种基本行为，当鱼类感到饥饿感时就会产生捕食行为，进而通过视觉和味觉识别外界环境中食物的位置。人工智能鱼则是捕食者通过感知系统感知外部环境的信息，经过认知系统对信息处理，再由行为系统选择最佳的捕食路径，从而体现人工智能鱼的智能性。

(2)逃避行为：鱼类受到外界环境刺激而引起的短期的逃避行为。环境中条理化的恶化、水的变质和遭受敌害等，都能让鱼类发生短期的转移与逃避。对于人工智能鱼而言，经常模拟被捕食鱼遭遇捕食者从而引发的一系列逃避行为。

(3)求偶行为：指寻求配偶，产生交配的行为。通过嗅觉、视觉和听觉等刺激完成，也可能通过若干形式的通信交流方能完成。人工智能鱼主要是在性欲值超过了一定的阈值后而展开一系列寻求配偶的行为。

(4)集群行为：大部分的生物都具有集群性，人工智能鱼也不例外。聚集成群使鱼群能够更好地游向目标、躲避敌害和加快游动速度。鱼类的聚集行为是由鱼本身对外界信息的识别和内部精神状态自发产生的，这时个体的局部智能决策模式就会在鱼群的行为模式中迸发出来。

(5)漫游行为：鱼在饱食或者没有敌害的情况下一般保持漫无目的的自由游动，其行为运动是不可预见的。人工智能鱼在没有外界信息刺激的情况下，其各种前进和转身动作是直接由感知系统和运动系统来控制的。

5.2　人工智能鱼的行为规划分析

行为规划指的是生物体在执行某种行为之前，为了实现某种目标而设计出的一系列步骤。人工智能鱼的行为规划是指在接收认知系统产生的意图后，将该意图作为目标，为了实现这个目标而设计出各种策略，这些策略包含了一系列步骤，可以根据相应的目标执行产生相应的行为序列。

为什么要对人工智能鱼的行为进行规划？其意义如何？自然界中的鱼具备一定的意图和行为，能够采用不同的策略来达到自己的目标。比如：有些捕食鱼在捕食的过程中，选择绕路堵截；有些在追逐食物过程中，呼唤伙伴一起对食物围追堵截；有些鱼则选择守株待兔的方式等。这些捕食者能够依据经验进行一系列的行为规划，从而极大地提高了其捕食成功的概率。被捕食鱼也一样，聪明的被捕食鱼在遭遇捕食鱼时，首先会寻找最近的安全区域，比如一些小缝隙，自己可以通过而捕食鱼不行，这也能极大地提高其生存能力。因此，无论对捕食鱼还是被捕食鱼，行为规划都是非常必要的。另外，人工智能鱼是对真实鱼类的仿真，为了表达鱼类丰富的生命特征，对其进行行为规划也是极为必要的。

人工智能鱼的行为规划对行为具有一定的要求，需要满足以下几点。

(1)实时性：人工智能鱼能够实时地对环境或自身状态的改变做出反应，从而表现出相应的行为，行为执行必须在短时间内完成。

(2)交互性：人工智能鱼通过一定的行为，与其他鱼或环境中其他物体交换信息或改变自身的状态。

(3)有序性：人工智能鱼的行为依照状态序列的时间参数严格排序，行为执行的顺序不同，结果也不相同。

(4)并发性：人工智能鱼的一些行为能够并发执行，比如可以一边游动，一边进食。

5.3　人工智能鱼的意图优先级规划

人工智能鱼的行为主要受其行为系统调控，而其行为系统需要接收来自认知系统中决策器产生的意图，将其作为行为规划的目标。因此，在行为规划之前，需要对人工智能鱼的意图优先级进行规划。

另外，由于环境的复杂性，鱼在某一时刻可能会产生多种意图，比如，视野内同时出现了食物和异性鱼，而它又正好处于饥饿和有性欲状态，此时会同时产生捕食和求偶两种意图。为了防止程序出现错误和提高人工智能鱼的生存概率，此时决策器只会输出一种与生存最相关最优先的意图。意图优先级如何规划，直接涉及人工智能鱼行为程序的触发和运动系统的调控。因此，如何合理规划意图优先级是人工智能鱼行为决策的一个重要问题。

为了使人工智能鱼能适应各种复杂的环境，意图优先级遵循以下几点原则。

(1)优先保障人工智能鱼的生存，这是最重要的一点。与生存有关的意图有逃避和捕食等，其优先级要高于非生存有关的意图，如求偶和漫游等。

(2)当意图优先级处于同一级时，按人工智能鱼自身内部状态和习性进行排序。

(3)消极情感触发的意图优先级要高于积极情感触发的意图。

基于以上规则，意图优先级的规划顺序，如图 5.1 所示。

意图优先级按照从下到上、从右到左的顺序，依次增高。

第 1 层：漫游在人工智能鱼的意图中级别最低。

第 2 层：求偶和集群行为优先级为次低；求偶和集群同时触发时，则求偶的意图优先级高于集群意图，求偶意图为积极情感(如兴奋)触发的意图，并且受内部状态性欲值影响；集群为人工智能鱼的习性所决定的意图，如有的鱼喜欢集群，而有的鱼则喜欢独自行动。

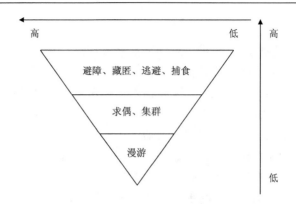

图 5.1　意图优先级规划顺序

第 3 层：避障、藏匿、逃避和捕食处于同一优先级，为人工智能鱼的基本行为，属于消极情感(如恐惧和饥饿)触发的意图，其优先级最高。在这一级中，从右到左，优先级依次增高，即捕食优先级最低，其次是逃避和藏匿，避障级别最高，这是因为避障行为与人工智能鱼的生存最相关，相比之下，捕食行为是次相关的。

因此，最后得出人工智能鱼的意图优先级从低到高分别为：漫游、集群、求偶、捕食、逃避、藏匿和避障等。

5.4　个体鱼智能行为规划

为了更好地探究人工智能鱼的行为规划，本节在以生物学理论为依据，结合人工智能和人工生命的思想及相关理论知识，参考双层行为控制结构，提出了一种鱼类智能行为规划结构，在行为系统中添加了典型行为规划模块和运动模块。典型行为规划以实现当前意图为目标，设计了各种行为程序，使人工智能鱼能够适应不同的环境，根据不同的情况执行相应的行为策略；运动模块包括人工智能鱼的内部状态和运动模型，在典型行为规划指导下，将行为序列分解为底层基本动作来执行，从而表达相应的生命特征。个体鱼智能行为规划结构如图 5.2 所示。

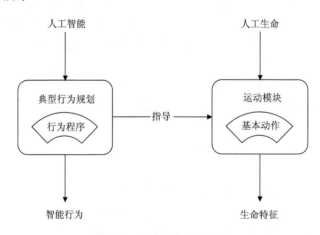

图 5.2　智能行为规划结构

一般地，人工智能鱼通过感知系统感知环境信息，然后通过聚焦器过滤感知数据，并将其传入认知系统；认知系统接收人工智能鱼的内部习性和状态，并将这些数据传入决策器；决策器根据意图优先级机制生成相应的意图，并传入行为系统；行为系统收到意图后，驱动底层模块执行具体的底层动作。一般而言，这种情况下的人工智能鱼行为策略过于单一，不能够很好地贴近自然界中的鱼，在不同环境下不会采用不同的行为策略，适应不了复杂的海底环境。另外，这种人工智能鱼大多没有考虑到体力的消耗和恢复问题，以其具有无限体力的理想情况为前提，不够逼真，不像自然界中的鱼，遵循一定的运动规律，体力会有一定的消耗和恢复。为了解决这些问题，本章设计了人工智能鱼的典型行为规划模块，采用多个行为序列反映鱼类的不同行为策略，而多个策略又赋予了鱼的人工智能行为，使其能够实时地应对不同虚拟环境下发生的各种突发情况。为了使人工智能鱼贴近自然界中的鱼，结合人工生命思想，由内部需求如饥饿感、恐惧感等，结合外部环境信息生成相应的意图，由体力模型调节运动速度。通过这种个体鱼智能行为规划，人工智能鱼能够根据环境及自身的内部状况自动选择相应的策略，来调整其行为和运动，表现出一定的适应性和智能性。

在虚拟海底世界中，分布着各种鱼类，不同的鱼类有不同的行为特征。为了简化描述，将人工智能鱼分为捕食鱼(predator)和被捕食鱼(prey)两大类，其行为程序集合分别定义如下：

(1)捕食鱼：Behavior Set = { Avoid(避障),Hunt(捕食),Wander(漫游),Mate(求偶)};

(2)被捕食鱼：Behavior Set = { Avoid(避障),Forage(觅食),Escape(逃避),School(集群),Wander(漫游),Mate(求偶)}。

行为程序反映了人工智能鱼不同的行为目标或意图，每一种行为程序均可分解为一系列的底层动作来实现，比如前进、后退、左转、右转、上浮和下沉等。

5.4.1 典型行为规划

典型行为规划结合人工智能理论，赋予人工智能鱼一个"大脑"，使其更智能化，能够自动选择最佳的行为路径，以更快地实现当前意图。一个基本的规划包括 4 部分：规划目标(goal)、规划前提(premise)、规划体(body)和规划结果(result)。分别介绍如下。

(1)规划目标：在外部环境和内部状态的共同作用下，人工智能鱼体内的决策器输出某种意图，比如捕食、逃避或者求偶等，这种意图为要实现的目标，即规划目标。

(2)规划前提：指外部环境条件及人工智能鱼的内部状态，比如周围环境情况、体力、饥饿度等。

(3)规划体：由规划序列和规划子目标组成，以实现规划目标为导向，满足规划的前提条件及约束条件，规划其行为，设计出当前的最佳行为路线。

(4)规划结果：指最终是否成功完成其规划目标，即意图。

由于鱼类的种类多，其行为类型也多，本节主要从个体鱼(或鱼数量不多)的角度研究几个比较典型的行为，比如捕食行为、逃避行为和求偶行为，探讨其行为规划算法。至于鱼的大规模集群行为及其在集群状态中的典型行为，将在第 6 章和第 7 章专门讨论。

1. 捕食行为规划

　　捕食行为规划是捕食鱼由于饥饿而引发的对被捕食鱼的一系列追捕行为,是通过模拟的感知功能感知周围鱼的情况,并分别对没有被捕食鱼、有一只被捕食鱼和有多只被捕食鱼的情况采取的一系列措施。

　　参数定义:n 为捕食鱼感知范围内的被捕食鱼的数量;d_i 为捕食鱼与第 i 个被捕食鱼的距离;给定一个距离常量,如果 d_i 小于这个距离常数,则捕食鱼会按照当前体力所能提供的最大速度,全速冲向被捕食鱼,否则捕食鱼按无被捕食鱼、有一只被捕食鱼和有多只被捕食鱼 3 种情况分别采取不同的策略来追捕相应的鱼;捕食鱼的可吃范围为 eatable_margin,捕食鱼捕到食物的时间阈值为 time_margin。

　　捕食行为规划的算法流程如图 5.3 所示。

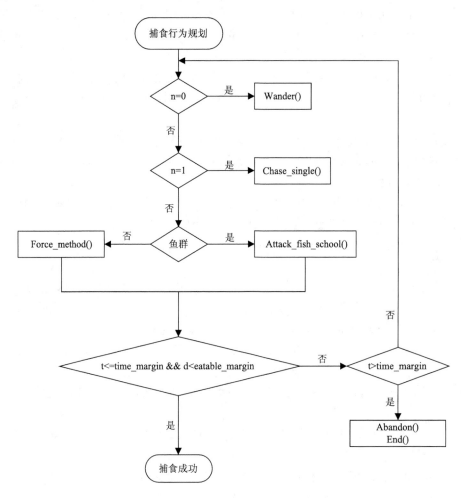

图 5.3　捕食行为规划算法流程图

　　捕食行为规划的算法如下。

　　按照行为规划流程,算法分为 Goal、Premise、Body 和 Result 四个步骤。

（1）Goal：predator（捕食）。

（2）Premise：规划前提。

当前环境中有多个 prey，但只有一个 predator。

约束：predator 和 prey 都受自身内部状态和体力的限制。

（3）Body：身体状态。

初始状态：

predator 和 prey 各自在某处活动；predator 当前状态为饥饿，产生捕食的意图。

执行规划的算法：

① 检测 predator 感知系统的输出。

```
If(n==0) {
//判断感知范围内的物体，如果没有被捕食鱼，则随机游动
    Wander();
}else if(n==1){
//如果只有一只被捕食鱼，则确定该被捕食鱼为捕食目标，追击目标
    Chase_single();
}else{
//如果有多只被捕食鱼，则判断是否是鱼群
    If(is_fish school()){
        //是鱼群，则predator单独追捕鱼群形成的球体边缘，攻击鱼群
        Attack_fish_school();
    }else{
        //不是鱼群，则predator采用势场合力法猎捕分散的被捕食鱼
        Force_method();
    }
}
```

② 判断捕食过程是否成功。

```
If( t <= time_margin && d < eatable_margin){
//如果捕食过程的时间不超过时间阈值，并且距离在可吃范围之内，则捕食成功并结束
    Succeed();
    End();
}else if( t > time_margin ){
//判断捕食过程的时间，如果超过设定的时间阈值，则predator放弃此次捕食，结束
    Abandon();
    End();
}else{
//返回①；
    Back();
}
```

（4）Result：当 predator 跟任意一个 prey 的距离在 Δt 时间内都持续小于 eatable_margin 时，定义为捕食成功，设置该 prey 的生存状态 Active=false。

2. 逃避行为规划

逃避行为规划是被捕食鱼感受到危险而引发的一系列逃避行为，是通过模拟的感知功能感知周围鱼的情况，以下描述对是否有捕食鱼出现危险的情况相应采取的逃避行为。

参数定义：n 为被捕食鱼感知范围内的捕食鱼的数量；d_i 为该被捕食鱼和第 i 个捕食鱼的距离；定义礁石狭缝中鱼可躲避的区域为安全区域 Refuge，其属性在虚拟环境建模时已经设定好。

逃避行为规划的算法流程如图 5.4 所示。

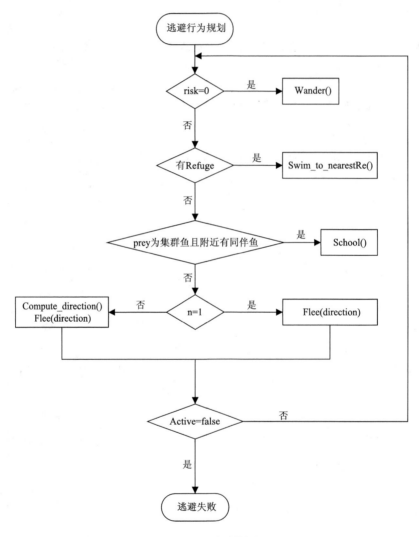

图 5.4　逃避行为规划算法流程图

逃避行为规划的算法如下。

按照行为规划流程，算法分为 Goal、Premise、Body 和 Result 四个步骤。

（1）Goal：prey（躲避）。

（2）Premise：当前环境中有多个 prey，多个 predator。

约束：predator 和 prey 都受自身内部状态和体力的限制。

（3）Body：身体状态。

初始状态：predator 产生捕食行为，prey 当前意图为逃避。

执行规划的算法：

① 检测 prey 感知系统的输出。

```
If(risk==0) {
//计算prey感知的危险度：如果危险度为0，则危险解除，回到随机游动
    Wander();
}else{
//若prey感知范围内存在捕食鱼，则首先判断周围是否有Refuge
    If(exist_refuge ()){
        //如果存在安全区域，则寻找最近的安全区域并游向它
        Swim_to_nearestRe();
    }else{
        //若不存在安全区域，则判断prey是否为集群鱼且附近是否有同伴鱼
        If(is_schoolfish ()){
            //如果是集群鱼，且附近有同伴鱼，则游向它们并集群
            School();
        }else{
            //若prey不是集群鱼或者附近不存在同伴鱼，则判断捕食鱼的数目
            If(n==1){
                //如果只有一只捕食鱼，则prey沿与之连线的相反方向逃逸
                Flee(direction);
            }else{
                //若有多只捕食鱼，计算prey与所有predator连线的合矢量的反方向
                //并沿此方向逃逸
                Compute_direction();
                Flee(direction);
            }
        }
    }
}
```

② 判断逃避过程是否成功。

```
If(Active=false){
//如果active=false，则逃避失败，逃避过程结束
    End();
}else{
//返回①
    Back();
}
```

（4）Result：当 prey 生存状态 active=false 时，逃避失败。

3．求偶行为规划

求偶行为规划是求偶鱼由于性欲值超过一定的阈值而引发的一系列求偶行为，通过模拟的感知功能感知周围鱼的情况，并分别对没有被求偶鱼、有一只被求偶鱼和有多只被求偶鱼的情况采取的一系列措施。

参数定义：n 为求偶者 mator 感知范围内的被求偶者 matee 的数量；ml 为性欲值；λ_m 为性欲值的阈值，如果 ml $\geq \lambda_m$，则求偶者游向被求偶者；求偶者的求偶范围为 mateable_margin。

求偶行为规划的算法流程如图 5.5 所示。

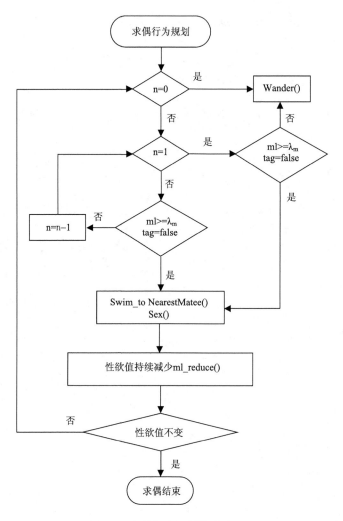

图 5.5　求偶行为规划算法流程图

求偶行为规划的算法如下。

按照行为规划流程，算法分为 Goal、Premise、Body 和 Result 4 个步骤。

（1）Goal：mator（求偶）。

（2）Premise：当前环境中有多个 matee，但只有一个 mator。

约束：mator 和 matee 都受自身内部状态、体力和性欲值的限制。

（3）Body：身体状态。

初始状态：mator 和 matee 各自在某处活动；mator 摄食欲望较低，当前状态为想要求偶，产生求偶的意图。

执行规划的算法：

① 检测 mator 感知系统的输出。

```
If(n==0) {
//检测mator感知系统的输出：如果 n=0，则随机游动
    Wander();
}else if(n==1 && tag=false){
//如果 n=1，且该目标tag未被标记，则确定其为求偶目标，判断该目标性欲值是否超过阈值
    If(ml>=λm){
    //如果该目标性欲值超出阈值，则游向它并进行求偶
        Swim_toNearestMatee();
        Sex();
    }else{
    //如果该目标性欲值未超出阈值，则标记该目标，然后回到开始
        tag=true;
        Back();
    }
}else if(n>1){
// n>1，则循环确定最近的matee为求偶目标，并判断该目标的性欲值是否超过阈值
    While(n>=1){
        If(ml>=λm && tag=false){
        //如果该目标tag性欲值超出阈值，并且未被标记过，则游向它并进行求偶
            Swim_toNearestMatee();
            Sex();
        }else{
        //如果该目标性欲值未超出阈值，则标记该目标，并回到循环开始重新选择目标
            tag=true;
            n=n-1;
        }
    }
}
```

② 判断求偶过程是否成功。

```
If(ml_reduce()){
//如果mator的性欲值持续减少，当性欲值不再改变时，则求偶成功，求偶过程结束
    End();
}else{
//如果mator的性欲值不变或者增加，则求偶失败，并回到①
    Back();
}
```

　　(4) Result：当 mator 的性欲值 ml 持续下降，达到一定程度不再改变时，定义为求偶成功，设置该 matee 的求偶状态 mactive=true。

　　在这些典型行为规划指导下，人工智能鱼的运动模块将行为序列分解为底层动作来执行；同时伴随一些内部状态的改变和运动位置的变化，这些变化又反过来影响其新的意图的产生；新的意图作为新的目标，重新进行行为规划，选择合适的策略，驱动底层动作执行；不断循环往复，从而实现虚拟鱼与外部环境的交互。

5.4.2　人工智能鱼的运动模型

　　自然界中的鱼类自身存在内部机制，鱼类通过在水里游动，消耗身体的能量和体力，当能量降低到一定程度时，会产生饥饿的感觉，此时鱼类必须通过捕食进食来减少饥饿感，同时恢复其消耗的体力。体力能维持其运动，并且体力的损耗和恢复存在一定的规律。鱼类通过感知获得外部环境刺激，结合内部需求，共同决定了鱼类的行为运动，并且每一时刻的运动方向、速度等都与其自身状态密切相关。为了使人工智能鱼的行为更逼真，更贴近自然界中的鱼类，增加其现实意义，本节基于角色行为规划和控制理论，建立人工智能鱼的内部状态及相应的运动模型。

1. 内部状态

　　随着时间变化，根据内部冲动和外部刺激，动物的精神状态也不断变化。对鱼类而言，饥饿度和危险度是与其生存最相关的。另外，体力反映了其能量和疲劳程度，性欲值反映了其想要求偶的程度。为了标志其是否存活，再增加一个布尔变量存活状态 $A(t)$:active。

　　定义人工智能鱼的内部状态集合如下：

　　IS = {$A(t), H(t), R(t), S(t), L(t)$} = {存活状态, 饥饿度, 危险度, 体力, 性欲值}

其中，$H(t)$ 和 $R(t)$ 的取值范围为[0,1]，值越大，表示饥饿程度和危险程度越强。$H(t)$ 由内部冲动和外部刺激同时决定，而 $R(t)$ 则由外部刺激(如遇到捕食鱼)单独引起。$L(t)$ 主要与上次交配时间间隔的长短及是否处于饥饿状态等有关，一般是间隔时间越长性欲越强，捕食欲望越强则性欲越低。

　　定义饥饿度如式(5-1)所示，性欲值如式(5-2)所示，危险度如式(5-3)～式(5-5)所示。

$$H(t) = \min\left[1 - \frac{n^e(t)(1 - \rho_0 \Delta t^H)}{n^\alpha} + \alpha_h S_h(t), 1\right] \tag{5-1}$$

$$L(t) = 1 - e^{1 - \rho_l \Delta t(1 - H(t))} \tag{5-2}$$

$$R(t) = \min\left[\sum_i R^i(t), 1\right] \tag{5-3}$$

$$R^i(t) = \min\left[\frac{R_0 \lambda^i}{d^i(t)}, 1\right] \tag{5-4}$$

$$\lambda^i = \begin{cases} 0, & 有安全的区域 \\ 1, & 没有安全的区域 \end{cases} \tag{5-5}$$

在式(5-1)中，t 为时间，$n^e(t)$ 表示在时间 t 内人工智能鱼所消耗的食物量，按食物颗粒数或被捕食鱼数目的减少量来计算；ρ_0 是消化率，$0 \leqslant \rho_0 \leqslant 1$，不同的人工智能鱼 ρ_0 的取值不同；Δt^H 是自从上次进食以来到现在的时间间隔；n^a 表明鱼的胃口大小，即鱼的最大摄食量，n^a 的值主要与鱼的大小有关，一般来说体形较大的鱼胃口也较大；$a_h S_h(t)$ 体现外部刺激的影响，如感知到邻近食物会吊起鱼的胃口，感知到的食物越多食欲越强，即饥饿度越高。由于饥饿度 $H(t)$ 是一个连续量，设定一个阈值 $\lambda_H \in [0,1]$，如果 $H(t) \geqslant \lambda_H$，则可认为人工智能鱼较为饥饿，此时需要捕食。

在式(5-2)中，ρ_1 为常数，Δt 是自上次交配以来的时间间隔，$\rho_1 \Delta t$ 表示性欲强弱，时间间隔越长，性欲越强。$H(t)$ 是时刻 t 的饥饿度函数，摄食欲望较低时，才可能产生性欲。

在式(5-3)中，$R(t)$ 为总危险度，表示所感知到的所有捕食者对其造成的危险度的累加和，其中每个 predator 所带来的危险度与其相对距离有关，一般来说距离越近，危险度越高。但也有些例外情况，如小鱼躲在礁石的狭缝里，鲨鱼无法进入，此时虽然二者距离很近，但小鱼仍处于安全状态。为此增设一个判断因子 λ^i，如式(5-5)所示，表示捕食者 i 对于人工智能鱼此时的处境而言，是否真的危险。

在式(5-4)中，常数 $R_0 = 200$；d^i 和 R^i 分别表示自身与所发现的捕食者 i 之间的距离及捕食者 i 造成的危险度。

体力主要是指身体所储存的能量，反映了人工智能鱼的可用能量或者疲劳程度。体力的大小会影响人工智能鱼的运动速度，不同的体力值所能提供的最大速度是一定的，而体力的消耗也跟人工智能鱼实际运动的速度和行为持续时间有关。当人工智能鱼在发生追捕、逃避和逆流而上等一些消耗性行为时，游泳速度很快，体力衰减会比较明显。当其在剧烈运动后趋于休息状态时，体力会有一定程度的恢复，恢复的量跟休息的时间成正比。生物学的研究表明，鱼类在比较安静或进行较轻的运动(如漫游)时体力衰减不大。当然，如果行为持续很长的时间，也会消耗体力，因此为简化模型，忽略这种间接衰减因素，而只考虑安静状态(漫游)下体力的恢复和运动状态下体力的消耗。在 t 时刻的小邻域 Δt 内，人工智能鱼体力的变化值 $\Delta S(t)$ 的计算如式(5-6)和式(5-7)所示。

$$S(t + \Delta t) = S(t) - \Delta S(t) \tag{5-6}$$

$$\Delta S(t) = (V(t) - V_{wander})\Delta t \tag{5-7}$$

在式(5-6)中，t 为时刻，$S(t)$ 为 t 时刻的体力值，反映了人工智能鱼的可用能量或者疲劳程度，$S(t) \in [0, S_{max}]$，S_{max} 为最大体力，不同的鱼种、种内不同强壮程度的鱼其 S_{max} 值不同，体力最小值为 0，即体力衰竭，此时鱼死亡。$S(t+\Delta t)$ 为 Δt 时刻的体力值。

在式(5-7)中，$V(t)$ 为 t 时刻的实际速度，V_{wander} 为常量，表示漫游状态下的速度上限，Δt 为时刻的变化值，$\Delta S(t)$ 表示 Δt 时刻后体力的变化值。

式(5-6)和式(5-7)包含以下 3 种情况：

(1)若 $V(t) > V_{wander}$，则 $\Delta S(t) > 0$，$S(t+\Delta t) < S(t)$，即体力减少；

(2)若 $V(t) = V_{wander}$，则 $\Delta S(t) = 0$，$S(t+\Delta t) = S(t)$，即体力不变；

(3)若 $V(t) < V_{wander}$，则 $\Delta S(t) < 0$，$S(t+\Delta t) > S(t)$，即体力增加。

综上所述，人工智能鱼的饥饿度、体力和速度主要有如下关系。

(1)人工智能鱼的饥饿度从 0 开始逐渐增大，到某一时刻 $H(t) \geqslant \lambda_H$，即饥饿度超过了一定的阈值，人工智能鱼产生捕食意图，开始加速运动觅食，体力衰减；到另一个时刻人工智能鱼捕食成功，进食之后饥饿度下降为 0，回到初始状态。

（2）体力的减少与人工智能鱼的运动速度有关。运动速度越大，体力衰减越快；反之运动速度越小，体力衰减越慢。

（3）体力的增加和人工智能鱼的速度有关。运动速度越大，体力恢复越慢；反之运动速度越小，体力恢复越快。

由如上关系可知，体力的变化与速度有关，而速度的改变又会引起运动模型的变化。

2. 运动模型

在典型行为规划指导下，人工智能鱼在不同的情况下选择不同的策略，并执行相应的程序方法。这些程序方法又可分为基本的底层动作程序，如前进、后退、左转、右转、上浮和下沉等。本节又介绍了与人工智能鱼相关的一些运动属性，比如速度、加速度和位置等。这些属性随着时间变化，同时又会影响其内部状态的改变，进而影响新的意图产生，新的意图又会反过来影响其行为规划。

将人工智能鱼抽象为一个质点，不同的质量代表人工智能鱼形状、大小的差异，其速度、最大速率和最大体力等也不尽相同。

人工智能鱼的运动模型定义如下：

```
Class AIFish_motion_model {
    Mass;      //质量(标量)
    Pos;       //位置(三维向量)
    Vel;       //速度(三维向量)
    Vmax;      //最大速率(标量)
    Smax;      //最大体力(标量)
}
```

其中，Mass、V_{max}、S_{max} 均为标量，分别表示人工智能鱼的质量、最大速率、最大体力；Pos、Vel 是三维向量，分别表示人工智能鱼的位置、速度和朝向（当前速度方向与 3 个坐标轴的夹角）。为描述方便，定义速度 Vel 的模值和方向矢量分别为 speed 和 orientation。

自然界的鱼的运动是由收缩肌肉来完成的，通过周期性地收缩一侧的肌肉而放松另一侧的肌肉，产生鱼尾来回摆动的效果。当鱼尾摆动的时候会让一部分水运动，被排开的水由于惯性会产生一种反作用力，一种垂直于鱼体的、与单位时间排水量成比例的力，推动鱼向前运动。在虚拟的海底世界中，为简化起见，将人工智能鱼摆尾、摆鳍的动作固化在鱼的骨骼模型中（如第 2 章所述），并且通过鱼自身体力的变化来反映其所受外力的变化。

根据牛顿第二运动定律，鱼类的运动如式（5-8）所示。

$$F_{合} = F_{动} - F_{阻} = \text{Mass} \times \text{acc} \tag{5-8}$$

式中，$F_{动}$ 指鱼受到的主动力，$F_{阻}$ 指鱼受到的阻力，Mass 表示质量，acc 表示加速度。

定义符号 $\oplus$，对于向量 A、C，标量 B，$A = B \oplus C$ 表示向量 A 的模为 B，方向与向量 C 一致。将鱼受到的合力用 $F_{合}$ 表示，如式（5-9）所示。

$$F_{合} = \text{stamina} \oplus \text{theta} \tag{5-9}$$

式中，stamina 表示体力，充当主要的推动力，按照式（5-6）和式（5-7）进行更新；向量 theta

为 $F_合$ 的方向，可通过目标位置向量与当前位置向量计算得到，如式(5-10)所示。

$$\text{theta} = \text{normalize}(\text{target} - \text{position}) \tag{5-10}$$

式中，target 为目标位置向量，normalize() 为规范化方法，通过标准化目标向量与当前位置向量之差得到 $F_合$ 的方向 theta。

由于体力模型中考虑了衰减和恢复，故能够在一定程度上模拟鱼的受力及运动规律。在每个时间步，体力充当主要的推动力施加在鱼质点上，使得产生一个跟质量相关的加速度，加速度与原来的速度结合，计算出当前新的速度，然后由当前位置和新速度相加得到下一时间步的新位置。具体计算如式(5-11)~式(5-14)所示。

$$\text{acc} = \frac{\text{stamina} \oplus \text{theta}}{\text{Mass}} \tag{5-11}$$

$$\text{speed} = \min\left(\left|\text{vel} + \text{acc}\right|, V_{\max}\right) \tag{5-12}$$

$$\text{vel} = \text{speed} \oplus \text{orientation} \tag{5-13}$$

$$\text{Pos}_N = \text{Pos}_C + \text{vel} \times T_{\text{step}} \tag{5-14}$$

在式(5-11)中，acc 为加速度，主要受体力影响，体力越大加速度越大，反之则越小；Mass 为常量，表示人工智能鱼的质量大小。

在式(5-12)中，speed 是当前新速度，由当前时间步的加速度与上一时间步的速度 vel 相加得到，$V_{\max}$ 为速度最大值。

在式(5-13)中，经由速度迭代后 vel 的速度大小是 speed，方向是 orientation。

在式(5-14)中，Pos_N 为下一个时间步后新的位置，它是由当前位置 Pos_C 和新速度 vel 与时长 T_{step} 的乘积相加得到的。

有了基本的运动模型后，在人工智能鱼的具体行为运动中还会涉及路径规划。

5.5　路径规划方法介绍

人工智能鱼路径规划是在存在障碍物的水域环境中，求一条从起点到目标点的运动路径，使该人工智能鱼能够从起始点有效地避开障碍物，安全无碰撞地到达目标点。

5.5.1　避障路径规划问题的定义

避障路径规划是指在具有障碍物的环境中，按照某个评价标准(如最短长度、最短行进时间、最小能量消耗等)，规划一条从起始位置到达目标点位置最优(或次优)的无碰撞(避障)路径。

从数学角度看，避障路径规划问题可以表示为求解某个目标函数的极值问题。目标函数就是所规划路径的成本，约束条件是避免与障碍物相碰撞，其数学模型如式(5-15)和式(5-16)所示。

$$\min f(x), X \in R \tag{5-15}$$

$$\text{s.t. } g_i(X) \leqslant b_i, i = 1, 2, \cdots, p \tag{5-16}$$

式中，$f(x)$ 为目标函数，$g_i(X)$ 是(非线性)约束条件，p 代表约束不等式的个数。

避障路径规划问题具有如下特点。

(1)复杂性：在复杂环境尤其是动态时变环境中，避障路径规划问题非常复杂，且计算量很大。

(2)随机性：复杂环境存在很多随机性和不确定性。

(3)多约束：运动对象存在几何约束和物理约束。几何约束是指运动对象的形状约束，而物理约束是指运动对象的速度和加速度。

(4)多目标：运动对象在运动过程中路径性能要求存在多种目标，如路径最短、时间最优、安全性能最好及能源消耗最小等。

求解避障路径规划涉及的问题包括位置空间、障碍物的环境表示(抽象)、规划方法(理论)和路径搜索策略(设计)等。

5.5.2 位置获取和环境表示

路径规划的首要任务是在给定的环境区域里找到自起始点至目标点的最优合理路线。一般来说，动态路径规划更复杂，而且动态路径规划的理论一般是由静态路径加上其他算法组成的，在人工智能鱼平台的路径规划中优先考虑静态环境下的路径规划。在进行路径规划的过程中，首先需要考虑起点和终点的位置获取和障碍物的环境表示。

1. 起点和终点的获取

这个问题就是如何让人工智能鱼知道起点和终点的位置。在静态路径规划的情况下，通常就是已知的人工智能鱼所处的环境，即海底地图，它是一个存储着数据的三维数组。这样，就可以通过数组的下标唯一地确定数组中的一个或多个元素，即确定地图上的起点与终点位置。当然，在实际的情况中，可能会比这复杂得多，例如，机器鱼在确定自身在地图中的位置(即起点)时，需要用到其所携带的各种传感器，如摄像头、激光雷达、红外传感器、陀螺仪等，通过传感器的数据来感知周围的环境，从而得知自身的位置。

2. 障碍物的环境表示

在进行路径规划时，需要让人工智能鱼知道地图上的哪些区域是可以通行的，哪些是不可以通行的，这样根据一定的规则，就可以避开不可通行的区域(当然也可以多次尝试)，到达目的地。根据传感器的数据绘制出完整的地图后，通过一些变化算法，将现实的空间物体信息映射到一个数据集合里，也就是需要规划区域的环境模型，后面的路径规划任务就是在这个环境模型上使用各种算法，找到一个最优路径。环境模型的建立，首先要解决的就是如何将规划区域内的物理空间环境映射到符合规划路径的数据集合中。在环境模型的建立过程中，最终要确定环境中存在的不同障碍物使用哪种形式来描述。一般一个优秀的环境模型的表述方法能够使得路径规划任务得到很大的简化，进行规划的时候消耗的各种资源会减少很多。一般在开展路径规划之前，一定要结合打算使用的规划算法来确定用于描述环境的方法，也就是确定不同的环境建模的方法，进而使得路径规划问题得以解决。目前成熟的环境模型建立方法主要有栅格法和单元树法，这两种方法各有优缺点，可以根据自己的规划方法来选择合适的描述环境模型，完成路径规划的任务。

1) 栅格法

在这种环境模型的表示方法中，规划区域的空间被按照一定的规则切割成一个个的小格子，也可以形象地称之为栅格，这些小格子就可以用来描述规划区域的物理空间信息。在具体的划分上，如果障碍物在一个栅格里，那么就可以称这个格点为一个障碍空间，表示这个点在规划路径时是不能够被选择的。如果格点的空间恰好是没有任何障碍物的，那么可以称这个格点为一个自由空间，在开展路径规划的时候，都是在自由空间进行选择的。假如有的格点恰好有障碍物，但是又没有被全部占满，那么对于不同的任务则可以选择不同的方案。在路径规划任务中，是按照障碍物在栅格中的面积的比例来划分的，障碍物超过 30% 的面积那么就认为它是一个障碍栅格，否则认为它是一个自由栅格。然后在规划的路径的时候，就可以在这个建立的模型上来进行算法的搜索，找出一个最优的路径信息。栅格法能够很好地描述形状奇特的物体，由于规则比较简单，在进行环境描述的时候能够将规划空间的描述做到规范化，使得空间表述始终是一致的，使它具有表示不规则障碍物的能力。同时，栅格法的缺点也是很明显的，环境描述的精确度与存储栅格的存储大小之间存在冲突。

2) 单元树法

为了消除栅格法在环境建模时存在的一些矛盾，又演进了单元树法的环境表示方法。在具体的实现上，将物理的待规划空间切割成不同的单元，但是被切割成的每个单元的大小是不相同的，也就是把待规划区域的空间切割成相对比较大的若干个单元。在被切割之后，每个单元可以进一步细分成与栅格法类似的空间，栅格法里面有的障碍空间和自由空间在单元树法里也是存在的，只不过在单元树法里增加了一个混合空间的描述。在大的单元的划分上，对于物理世界中的二维空间，可以把待规划区域切割成 4 部分，这 4 部分称为单元树的四叉树；对于物理世界中的三维空间，可以把待规划区域切割成 8 部分，这 8 部分称为单元树的八叉树。使用单元树的环境建模方法，能够使得模型具有比较好的自适应性。同时，单元树的环境建模方法也有一些缺点，主要体现在对每个单元的相互间的邻接关系的计算上，需要的计算量较大，在进行计算的时候，使用的一些算法的复杂度也比较高。

5.5.3　规划方法

为了解决路径规划问题，人们已经探索出很多有效的求解方法。这些方法也不是互相排斥的，而常常结合起来共同实现路径规划。方法大致可以分为两类：传统方法和智能方法。

1. 传统路径规划方法

1) 几何法

几何法抽取的是环境的几何特征。利用其几何特性将环境空间映射到一个加权 (权值可以是两顶点间的几何距离) 图上，这样就把避障路径规划问题转化为一个简单的图搜索问题上。几何法包括可视图法、Voronoi 图法 (泰森多边形) 和自由空间法等。

(1) 可视图法最早是由 Lozano 和 Wesley 提出的，如图 5.6 所示。可视图法将运动物体视为一点，并将障碍物视为平面内多边形；然后连接初始点、目标点及多边形障碍物的各个顶点；同时要求所有连线与任何障碍物都不相交，即所有路径都是无碰撞路径，最后形成一张可视图，然后采用某种算法搜索最优路径。这种方法原理简单容易实现，规划时间随障碍物密集程度增减，虽然能寻找最短路径，但缺乏灵活性，路径通常靠近障碍物顶点和边缘，且不适用于高维空间。

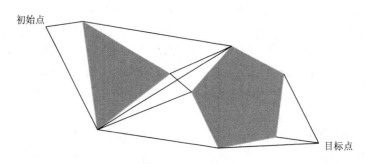

图 5.6　可视图法

（2）Voronoi 图法是用一系列的节点来定义的，这些节点到附近的两个或多个障碍物的边缘是等距离的，如图 5.7 所示。Voronoi 图把规划空间划分成若干个区域，每个区域只包含一个障碍物的边缘。对于一个区域中的任何一点，它到该区域所包含的障碍物的边缘的距离要比工作空间中其他的障碍物的边缘都近。Voronoi 图法的优点：规划的路径安全性非常好；Voronoi 图法的缺点：计算量很大，规划出的路径往不是最优路径，而且算法的复杂性和障碍物的数量成正比。

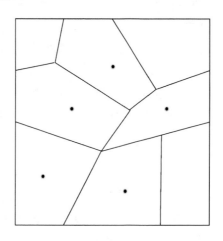

图 5.7　Voronoi 图法

（3）自由空间法把环境划分成两部分，即自由空间和障碍物空间，用某种搜索策略在自由空间中找到一条路径。按照自由空间划分方法的不同又可分为凸区法、三角形法、广义锥法 3 种方法。自由空间法的优点：路径无碰撞，比较灵活；起始点和目标点的改变不会造成连通图的重构。自由空间法的缺点：在某些情况下，路径偏离前进目标太远；规划出的路径形态复杂，路径精度不高。

2) 单元分解法

基于路线图构建的方法描述简单、便于实现，但通常适用于低维度空间的规划问题。目前路径规划技术对机器鱼环境模型的要求越来越高，路线图构建法无法描述复杂的水下环境信息。基于单元分解的方法能够将环境空间分解为子单元，通过附加单元属性信息来表达更完整的环境信息。单元分解法又包括栅格法、四叉树和八叉树等方法。

2. 智能路径规划方法

近年来，随着遗传算法等智能方法的广泛应用，路径规划方法也有了长足的进展，许多研究者把目光放在了基于智能方法的路径规划研究上。其中，应用较多的算法主要有模糊方法、神经网络和遗传算法等。

1) 基于模糊逻辑的路径规划

模糊逻辑避碰是一种仿人控制过程，其原理就是根据总结的规则确定输出值。Hwang 及顾国昌等的研究工作具有一定的代表性。该方法最大的特点是参考人的车辆驾驶经验，计算量不大，易做到边运动边规划，能够在满足实时性要求的同时克服势场法易产生局部极小点问题，对处理未知环境下的规划问题显示出很大优越性，但是对解决定量问题来说是很复杂的。模糊控制算法有诸多优点，但也有其缺陷，人的经验是不一定完备的，输入量增多时，推理规则和模糊表会急剧膨胀。

2) 基于神经网络方法的路径规划

路径规划是从感知空间到行为空间的一种映射。映射关系可以用不同的方式表示，但很难用精确的数学方程表示，这就造成在规划中很难建立起精确数学模型，而神经网络则巧妙地避开了这一点，通过其网络的自学能力来达到建立精确模型的目的。人工神经网络是模拟人脑构造的模型，具有并行处理、联想记忆、分布式存储和容错等特点，它在处理非线性问题上有很大的优势。但神经网络方法也有其自身的缺点，典型样本的获得比较困难，有的网络训练速度比较慢，好的权值不易获得。神经网络学习是一种监督学习方式，是靠人的知识来指导的，而人的知识又不可能是完备的，所以神经网络学习的结果可能在某一方面是有缺陷的。

3) 基于遗传算法的路径规划

Holland 在 20 世纪 60 年代初提出了遗传算法，它以自然遗传机制和自然选择等生物进化理论为基础，构造了一类随机化搜索算法。它利用选择、交叉和变异等遗传操作来培养控制机构的计算程序，在某种程度上对生物进化过程做数学方式的模拟。与传统优化方法相比，遗传算法有以下特点：遗传算法是对参数的编码进行操作，而不是对参数本身；作为并行算法，它的隐并行性适用于全局搜索；使用的是随机搜索过程，而非确定性搜索过程；遗传算法对于待优函数基本上没有任何特殊要求，只利用其适应度信息，不需要微分等其他辅助信息。但是遗传算法也有其缺点，运算速度不快，进化众多的规划要占据较大的存储空间和运算时间，有时候可能会提前收敛。

5.5.4　搜索方法

给定一种环境空间的表示方法(环境的抽象)和规划技术(数学的理论表达)后，求避障路径问题就转变为求解数学问题的最优解的问题，也就是搜索一个从起点到终点连续的节点序列问题,即一条起点到终点的路径。搜索技术分为三大类:基于微积分搜索技术、有指导的随机搜索技术和枚举技术。

1. 基于微积分搜索技术

该技术使用微积分理论,求解满足一组充分必要条件问题的最优解。由于该方法的理论工具是传统的微积分,所以利用这种搜索技术的前提条件是目标函数与约束条件要有解析表达式,并且可导。避障路径规划问题归纳出这样的解析表达式通常是很困难的。基于微积分搜索技术一般只能用于解决较简单的一类问题。在人工势场法中,实际上也是将路径规划问题转化为求高维势函数极值问题。具体求解时,可能直接求极值。也有研究者采用一种离散化的方法逼近能量的负梯度方向,从而确定路径点集的运动趋势。这种搜索技术易于陷入函数的局部极值,而难以得到问题的最优解。

2. 有指导的随机搜索技术

该技术以枚举技术为基础,但附加了一些指导搜索过程的信息。它的应用范围很广,并能解决十分复杂的问题,其两个主要的子集是模拟退火算法(simulated annealing algorithm, SAA)和遗传算法(genetic algorithm, GA)。模拟退火算法模拟固体退火过程,用 Metropolis 算法产生优化组合问题解的序列,并由 Metropolis 准则对应的转移概率 P_t 确定是否接受从当前解 i 到新解 j 的转移,如式(5-17)所示。

$$P_t(i \geqslant j) = \begin{cases} 1 & , f(j) \leqslant f(i) \\ \mathrm{e}^{\frac{f(i)-f(j)}{t}} & , 其他 \end{cases} \tag{5-17}$$

模拟退火算法依据 Metropolis 准则接受新解,因此除接受优化解外,还在一个限定范围内接受恶化解,这正是模拟退火算法与局部搜索算法的本质区别所在。开始时 t 值大,可能接受较差的恶化解;随着 t 值的减小,只能接受较好的恶化解;最后在 t 趋于零值时,就不能接受恶化解了。这就使模拟退火算法即可以从局部最优的陷阱中跳出,又有可能求得组合优化问题的整体最优解。如果温度以足够慢的速度下降,模拟退火算法就能够保证以 1.0 的概率收敛于全局最优状态点,所以模拟退火算法需要一个相当长的优化过程,这是该算法的最大缺点,即模拟退火算法存在优化质量与计算时间两者之间的矛盾,难以保证计算得到全局最优。

遗传算法是一种启发式算法,主要是借用自然界环境中生物的适者生存规律,采用竞争和交配产生不断改进的个体,最终求得最优解或近似最优解。在用遗传算法进行路径规划时,随机产生初始种群,为了避免陷入局部极值点,种群数量要达到一定的规模。但种群规模大会导致搜索空间较大,删除冗余个体的能力较差,大大影响路径规划的速度。特别是在环境较为复杂的情形下,这种缺点就更加明显。

3. 枚举技术

该技术是搜索目标函数的域空间中的每一节点,它们实现简单,但可能会需要大量的计算。在路径规划技术中常用到的深度优先搜索、广度优先搜索、A*搜索、迪杰斯特拉(Dijkstra)搜索等。其中 A*搜索算法是应用较广泛的路径搜索算法,它是基于迪杰斯特拉算法改进的启发式搜索算法，是一种静态路网中求解最短路径最有效的直接搜索方法，也是解决许多搜索问题的有效算法。算法中距离的估算值与实际值越接近，最终搜索速度越快。

A*搜索算法通过计算所有候选节点到目标点的估值函数，从而选取最优路径节点，适用于静态路径规划，关键在于建立合适的启发函数。A*算法在面临较大环境空间时搜索效率不足，因此，在研究仿生鱼路径规划问题时，可以采用展开点方法，减少搜索节点，提高搜索效率。

5.6　虚拟鱼路径规划的仿真

本章实现了基于改进 A*算法的虚拟鱼路径规划，为了逼真地模拟虚拟鱼的寻路和避障的过程，采用 Unity 3D 引擎构建具有真实感的海底环境和地貌特征。

5.6.1　改进的 A*算法

传统 A*算法在 OPEN 列表处理上不断将当前节点的相邻节点存放至 OPEN 列表中，这会造成搜索路径的迂回。针对鱼类运动路径的仿真，本节将 OPEN 列表的处理方法进行改进，每次在选取一个节点后，就将 OPEN 列表进行清空操作。在寻找当前节点 i 的相邻节点时，将相邻节点标记为 OLD。如果相邻节点为 OLD，则略过该点。这样使得每次在 OPEN 列表进行选择时，选择的节点为当前节点的下一节点，有效防止了路径回退现象。并且，该做法可限制载入 OPEN 列表的节点数量，列表内的节点 F 值逐级递减，减少了算法的计算量，并提高了算法的执行效率。同时使得 CLOSE 列表的载入节点在虚拟海洋环境中始终是相关节点，确保了鱼类运动行径的平滑性。

在传统的 A*算法中，由于邻域阈值的影响，在选取邻域节点过程中有约束，始终无法选取出最优路径。为了减少阈值约束的影响，这里在搜索路径结束后使用碰撞检测算法对路径的节点进行筛选，以达到优化路径的目的。碰撞检测是在人工智能领域中使用的一项重要技术，具有快速、准确等特性。目前的碰撞检测主要为基于包围盒的碰撞技术。这里采用基于 AABB 碰撞检测技术进行路径的处理。该技术将物体放入三维坐标中，依据其最大值和最小值进行计算。物体的包围盒如式(5-18)所示。

$$R = \{(X, Y, Z) \mid S_x \leqslant x = l_x, S_y \leqslant y \leqslant l_y, S_z \leqslant z \leqslant l_z\} \tag{5-18}$$

式中，S_x、l_x、S_y、l_y、S_z 和 l_z 分别表示包围盒在不同坐标轴上最小值、最大值的映射。

该算法的中心思想为：检测 2 个包围盒在不同的坐标轴上的映射是否相交。记物体 A 的包围盒最小顶点元素和最大顶点元素分别为 $(A_{xmin}, A_{ymin}, A_{zmin})$ 和 $(A_{xmax}, A_{ymax}, A_{zmax})$。物体 B 的包围盒最小顶点元素和最大顶点元素分别为 $(B_{xmin}, B_{ymin}, B_{zmin})$ 和 $(B_{xmax}, B_{ymax}, B_{zmax})$。如图 5.8 所示为使用 AABB 碰撞检测算法检测 A、B 两物体是否碰撞流程图。AABB 碰撞检测算法分别对 x 轴、y 轴、z 轴进行碰撞检测，最多只需 6 次对比即可判断 A、B 两物体是否碰撞。

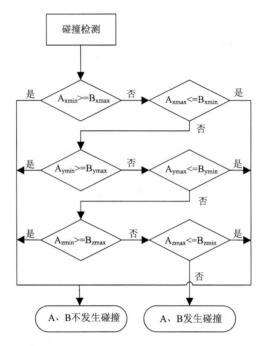

图 5.8　AABB 碰撞检测算法

　　改进的 A* 算法流程图如图 5.9 所示。在 OPEN 列表寻找到具有最小 F 值的节点 i 后，执行清空 OPEN 列表操作。同时在寻找当前节点 i 的相邻节点时，将相邻节点标记为 OLD，防止路径的回退现象。同时，针对传统 A* 算法生成的路径，使用碰撞检测技术进行优化。对生成的路径节点进行 $1\sim n$ 的编号，从 1 和 n 两个节点出发，遍历所有的节点间构建的路径。对生成的路径进行碰撞检测。如果与障碍物等发生碰撞则不做处理；否则删除未发生碰撞的路径中的节点，建立新路径，从而达到路径优化的目的。

5.6.2　鱼体三维建模

　　在 3DS Max 中进行鱼体三维建模，采用弹簧—阻尼模型进行鱼类构建。首先，使用 3DS Max 建立鱼体的几何网格模型，采用建模函数对曲面上的顶点序列进行定义的方法来精确描述控制网点因子。其次，采用曲面控制网点位置坐标的方式进行实时绘制，以形成离散的网格模型，并可用其"包装"生物力学模型，构建后发布并导入 Unity 3D 中。

　　如图 5.10 所示为鱼体三维网格模型建模流程图。首先将需要建模鱼类的图片导入 3DS Max 中，使用曲面建模方法进行构建，从而在 Front 视图中建立模型。对图片进行描点并转化成可编辑的多边形，通过相应的拖点来制作鱼的外形。然后继续进行横向拖点操作，以便产生新的顶点和表面，通过拉伸表面可以生成胸鳍、腹鳍等更多细节的鱼体形状。通过对鱼头的分裂顶点、对齐及挤压形成制作鱼眼，从而生成如图 5.11 所示的三维网格模型。最后，在 Left 和 Top 视图中切换制作立体部分的结构，并在达到基本的构线结构之后，使用"涡轮平滑"修改器进行模型的平滑处理，初步完成如图 5.12 所示的鱼体三维几何模型。

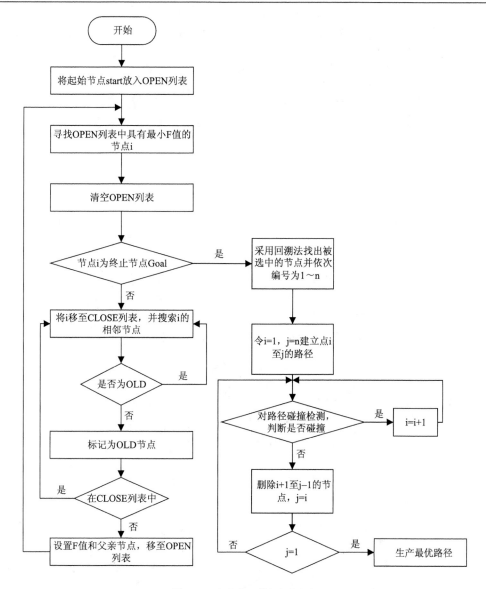

图 5.9 改进的 A* 算法流程图

5.6.3 仿真实现

在 MATLAB R2017a 中进行仿真试验。如图 5.13 所示，在 MATLAB 中绘制一幅三维模拟海底地形图。该海底图中 x、y 轴构成面积大小为 21km×21km 的海底，x、y、z 轴的单位均为 km，是由一个随机数组组成的，代表深海中高度不同的丘陵。如表 5.1 所示，设置虚拟鱼在三维海底的起始点为(15,0,1)，终点为(10,21,1)。将虚拟鱼用质点来表示，将改进 A* 算法得到的路径节点用空心圆点代替，得到改进的 A* 算法的寻优路径结果，如图 5.14 所示。

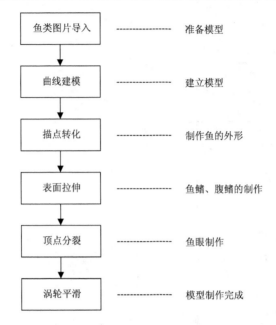

图 5.10 鱼体三维网格模型建模流程图

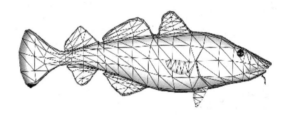

图 5.11 鱼体三维网格模型图

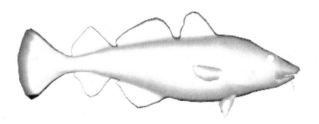

图 5.12 鱼体三维几何模型图

表 5.1 实验结果

起始位置	终止位置	传统的 A* 算法		改进的 A* 算法		节省距离/km	节省比例/%
		时间/s	距离/km	时间/s	距离/km		
(15,0,1)	(10,21,1)	2.6722	35.1793	2.3655	33.6819	1.4974	4.426
(10,0,1)	(10,21,1)	2.1632	38.9623	2.1405	36.5052	2.4571	6.306
(21,0,1.5)	(0,21,1)	2.4753	32.2715	2.2115	30.8551	1.4164	4.389
(21,0,1)	(5,21,1.5)	3.6759	42.5793	3.3626	40.3409	2.2384	5.257
(5,0,0.5)	(15,21,1.5)	3.2636	42.6712	3.0407	40.2266	2.4446	5.729

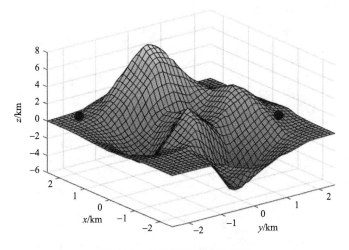

图 5.13　三维模拟海底地形图

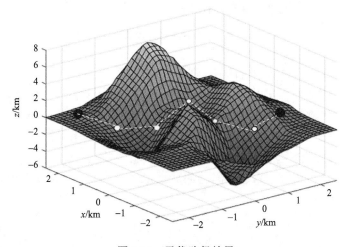

图 5.14　寻优路径结果

由表 5.1 可知，由于对 OPEN 列表节点选取的改进，改进后的 A*算法运行消耗时间比传统的 A*算法要小，但因为进行碰撞检测需要消耗时间，所以在运算时间上并没有太大的提升。在最终生成的路径上，平均优化的距离约占原距离的 5%，使得虚拟鱼的路径选择更加高效。将改进的 A*算法应用在虚拟鱼的建模当中，借助 Unity 3D 技术，将海洋鱼类与改进的 A*算法相结合。首先需要仿真模拟出海底环境的基本场景，模拟出来的仿真场景俯视图如图 5.15 所示。地图的大小为 500×500 像素，分为海藻密集区域和深海丘陵区域。采用 Unity 3D 自带的 Terrian 系统搭建丘陵地貌，海底的植物均由 3DS Max 进行高密度的静态建模，并且使用贴图实现丘陵的各种颜色。为了模拟海底自然光线和实时计算出光照产生的阴影，采用静态的天空盒与一个平行的光源进行光源设置。最后，通过 Shader 材质实现水下波纹的逼真效果。

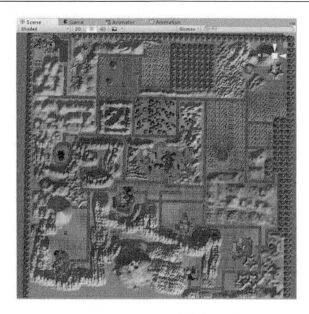

图 5.15　三维海底仿真场景俯视图

　　智能鱼的模型导入后，将改进的 A* 算法寻路模块通过 A-star 脚本和 FishNewMove 脚本挂载至虚拟鱼的模型上，并以第三人视角展现虚拟海洋环境图。虚拟鱼将会按照规划好的路线游动，当遇到障碍物时会进行躲避，仿真结果如图 5.16 所示。虚拟鱼会按照图 5.14 的路径规划路线前进，在这个过程中，会提前及时躲避障碍物，比如，在 t1、t2 时刻按照既定的路径游泳，然后会突然遇到障碍物如岩石或珊瑚（图 5.16 中椭圆），小鱼就要提前避障，在 t3、t4 时刻虚拟鱼成功躲避了障碍物后继续沿着路径规划路线向前游动。

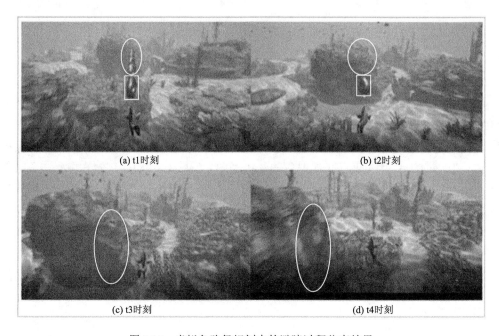

图 5.16　虚拟鱼路径规划中的避障过程仿真结果

5.7　本　章　小　结

　　本章分为人工智能鱼的行为规划和路径规划两部分。行为规划部分介绍了鱼的行为特征、行为规划分析和意图优先级规划,重点是对个体鱼进行智能行为规划,提出了捕食、逃避和求偶等 3 种典型行为规划算法。路径规划部分首先对虚拟鱼的路径规划算法进行了介绍,介绍了避障路径规划涉及的环境表示、规划方法和路径搜索策略,最后模拟实现了基于改进 A^* 算法的虚拟鱼路径规划。

第 6 章 鱼类群体行为学

关于鱼群(集群)的仿生，本质上涉及鱼个体之间的行为和交互问题。在计算机技术迅速发展的时代，科学家根据实验观察的结果及对鱼群的形成和结构的了解，通过建立数学、力学模型，利用计算机三维空间可视化技术，可以模拟出鱼群的空间分布和运动规律。

6.1 鱼群的定义

Parr 最早对鱼群群体行为进行了理论分析，指出大多数鱼类具有集群性，鱼群群体行为是了解鱼类生命史和生态系统的重要内容。由于中文是一词多义的语言，涉及的词汇主要是鱼群、群体和集群(或称群聚)。在相关外文文献中，涉及的术语有 School 和 Aggregation 及 Swarm、Cluster、Flock 等，但后三者多半用于描述鸟兽和昆虫，本书暂时不用。Breder 等认为，School 和 Aggregation 是两种不同形式的鱼类集合体，School 鱼群是指基本同步地、同方向地游动的个体的集合体，而 Aggregation 仅仅是聚在一起，并不一定具有方向上的一致性和运动的同步性，两种鱼的状态如图 6.1 所示。School 区别于 Aggregation 的特征是，School 中的所有个体都朝着同一个方向，保持着一定的间隔距离，以相似的速度在移动。Shaw 认为，School 和 Aggregation 两者都存在着同伴间的相互引诱，两者的区别仅仅在于 Aggregation 中各个体的速度、方向和间隔缺乏统一性；且 School 具有个体间隔、游泳速度方向统一的独特结构。Partridge 又给鱼群下了一个实用的定义：时刻调整自己的速度和方向以配合群中其他成员的三尾或者三尾以上的鱼而得到的组合，即称为鱼群。

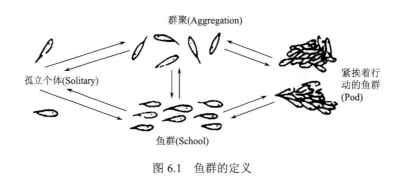

图 6.1 鱼群的定义

6.2 研究鱼类集群行为的主要方法

研究鱼类集群行为的主要方法可大致归纳为实验室水槽观测法、在自然环境中的潜水观测法、超声波影像分析法和数学模拟仿真法等。无论是从行为学基础研究还是从应用于渔业生产为目的的研究，多是以实验室水族箱或者水槽开展条件控制的实验观测为基础。水下呼吸装置和轻潜技术、低照度照相机、具有 GPS 或卫星跟踪功能的装置出现，有利于进行野外实地观察，可以获取大量动态摄像资料。现代超声波数字声呐的出现，使观察的范围扩大，精度或分辨率提高，尤其是在水质浑浊、能见度低的情况下，能够显示目标物的位置和移动轨迹。数学模拟仿真法是基于可视化技术和数学模型模拟鱼群的行为状态，推测和估计鱼类的集群的行为，这对于难以观测的远洋或深海鱼群特别合适。

6.2.1　实验室水槽观察法

在水箱或水族箱观察法是实验室常用的方法，用于在人工控制的条件下观察小股集群鱼的行为观察和机理研究。然而，尽管这种方法便于实施单因素控制，但应注意实验对象在空间有限的水族箱或水槽中从野生、自由状态进入生活状态，会因应激效应而影响结果。因此，鱼缸或水箱需要有足够的空间，周围环境需要严格控制，以避免可能的干扰，如光线、声音和振动等。

国际知名的鱼类行为实验缸是英国阿伯丁的海洋研究所的环形缸。这个水箱直径为 10m，有一个 1.5m 宽的环形通道，环形轨道上方和中央环形槽内有一台摄像机，可以从上面和侧面同时观察和记录。此外，Takagi 等使用不同大小、形状和功能的水槽来观察和分析鱼的运动和速度，而 Fangstam 使用人工水槽(直径 11m)和无源集成转发器标签来研究鲑鱼的下游速度。在国内，赵媛和周应祺教授通过在实验室观察鱼的行为，发明了一种顶部覆盖的水族箱，可以俯瞰全景。

6.2.2　潜水观测法

20 世纪 60 年代发明的 SCUBA、20 世纪 70 年代末发明的水下遥控潜水器(URCV)和低照度摄像机，为在野外记录水下鱼类行为提供了有效的技术支持。借助于 URCV 和微光摄像机的发明，科学家和潜水员可以直接在水下观察和拍摄鱼类行为，并同时将图像传输到水面调查船或实验室进行远程观察，以了解鱼类在自然环境中的行为和习惯，以及鱼类对渔具的行为反应。东海渔业研究所在 20 世纪 60 年代组织了科学家潜水队，在中国南海进行鱼类行为观察。英国阿伯丁海洋实验室开发了一种环流效应的水下遥控投放装置，使遥控投放装置上的照相机能够靠近被观察对象，在最佳位置或角度对鱼类进行拍照和观察，用于控制姿态的转子则利用环流效应有效地控制装置的姿态和位置，而不干扰鱼类。通过安装在调查船上的遥控装置，可以调整装置上的相机或探头，实时获取鱼类的图像，特别是在困难条件下可以进行长时间的观察。当进入更深的水层时，就要使用特殊的探照灯，以便在黑暗条件下进行拍摄而不影响鱼类行为。此外，自然条件(水下能见度等)和气候条件(海流等)及一天中的时间会限制并影响研究人员的工作结果。现代深层视觉技术可以在水下提供高清晰度的相机图像，这在海底成像是可行的，扩大了观测的范围。

英国阿伯丁海洋研究所的研究人员发现，轻型潜水器的呼吸所发出的气泡和声音对被观察的鱼的行为有影响，甚至引起条件反射行为。因此，在使用潜水员或水下机器人时，必须注意观察装置和观察者的条件可能会影响鱼的行为，还必须避免人工光源、潜水员的排气噪声和气泡及其他人工干扰。使用频闪灯是为了在黑暗条件下进行拍摄而不影响鱼类活动，现代深层视觉技术可以提供水下的高清晰度相机图像。

6.2.3　超声波影像分析法

利用多波束扫描声呐、网口声呐、数字三维声呐等可获得高分辨率的超声波回波图像，在较大范围或距离内，实时了解鱼群个体或鱼群相对于船体和网具的位置，从而了解鱼群的入网过程，便于及时调整网具，提高捕捞效率。利用高频超声可以获得鱼类个体或群体结构的高分辨率清晰图像，现代数字技术可以对超声回波信号进行处理，显示水下空间和鱼群的三维图像，从而获得整个鱼群的群体分布等情况。许多科学家利用多波束垂直扫描声呐来提取鱼群的空间、形态和能量参数，研究鱼群分布规律等。Paramo 等利用 SBI Viewer 软件对扫描声呐获得的图像进行处理，在三维视图中显示了鱼类种群中亚种群、密核和空泡的空间分布，并进一步利用主成分分析法获得了鱼类种群结构的特征，为研究鱼类种群结构与资源密度分布及不同种群之间的关系带来了新的工具。

6.2.4　数学模型模拟和仿真法

随着计算机技术的发展，学者们在实验室研究和实地观察的基础上，建立了鱼类动力学模型，并进行模拟研究。通过观察和记录个体鱼或鱼群的运动、空间分布和行为反应，建立数学模型，来推断鱼类的运动和行为规律，研究鱼类的突发特性。这种建模和模拟的方法已经成为一种重要的研究工具。通过将模拟结果与实际观察结果进行比较，利用相似程度来确定、推断和分析鱼类行为的基本机制，并从中选择具有重大影响的因素。Breder 率先使用数学模型来研究鱼类种群的动态。在建模方法上，Aoki 首次将鱼的视野分为 4 个区域：排斥、平行、吸引和搜索；Huth 等又在 Aoki 的基础上修改了模型；Reynolds 率先提出了碰撞规避(collision avoidance)、速率匹配(velocity matching)、中心聚集(flock centering)规则；Grimm 将生态学中基于个体的模型(individual based model, IBM)的概念应用于鱼类种群的研究。结果显示，群体越大，需要信息来引导群体到达目的地的个体的比例就越小，该结果还具有重要的社会学意义。IBU 模型为探索生物自组织现象及有效领导和决策过程的机制提供了一个新的视角。模拟鱼群动态的结果与水下视频的结果相似，表明数学建模为研究群体行为机制提供了一种新的方法。Viscido 等在前述模型的基础上建立了一个种群模型，研究种群规模，以及受影响的相邻鱼类数量对鱼类种群的出现行为及对种群结构和形态的影响，该结果与实验测量结果一致。

在不同时代和不同的环境下，对于鱼群的观察装备与实验方法也在不断变化，如图 6.2 所示。

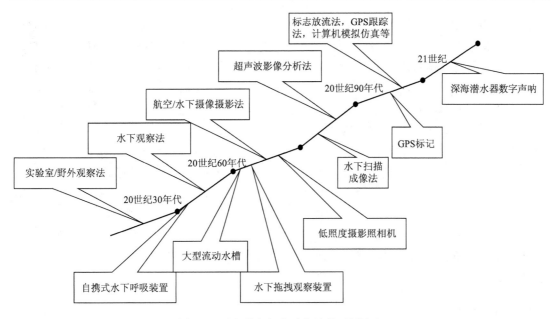

图 6.2　观察装备与实验方法的不断演变

6.3　鱼群行为的优势

6.3.1　社交互动

社交互动是对聚集体的社会和遗传功能的支持，尤其是由鱼类形成的聚集体，可以从它们行为的几个方面看出。例如，实验表明，从鱼群中移出的个体鱼的呼吸频率将高于在鱼群中发现的鱼。这种效果被归因于压力，因此与同种动物在一起的效果似乎是一种平静的效果，也是一种强大的社会动机，可以让个体留在一个群体中。例如，将鲱鱼与同种动物隔离开来，它们会变得非常激动。由于对集群行为的适应，它们很少在水族箱中展示，即使拥有最好的设施，与野生集群中活动的能量相比，它们也会变得脆弱和呆滞。

6.3.2　觅食优势

成群游泳可以提高觅食的成功率。Pitcher 等在对浅滩鲤科动物觅食行为的研究中证明了这种觅食能力。在这项研究中，他们量化了几组小鱼群和金鱼，对比它们分别能找到食物的时间。各组中鱼的数量各不相同，最终得出结论较大组鱼群寻找食物所需的时间在统计学上显著减少。捕食性鱼群的结构进一步支持了鱼群觅食能力的增强。1983 年，Partridge 等从航拍照片中分析了大西洋蓝鳍金枪鱼的鱼群结构，发现鱼群呈抛物线形状，这一事实暗示了该物种合作捕猎的做法。原因是存在许多寻找食物的眼睛。"浅滩"中的鱼通过密切监视彼此的行为来"共享"信息。一条鱼的摄食行为会迅速刺激其他鱼的觅食行为。

海洋上升流为"饲料鱼"提供了肥沃的觅食场所。海洋环流是由科里奥利效应引起的大规模洋流。风力驱动的上层洋流和地形驱动的下层洋流相互作用，并由此形成环流，例如，海山和大陆架的边缘可以产生下降流和上升流。这些可以带来浮游生物赖以生存的营养物质，其结果可能是丰富的觅食场对以"饲料鱼"为食的浮游生物有吸引力。反过来，"饲料鱼"所在地本身成为大型捕食鱼的觅食地。大多数上升流是沿海的，其中许多支持世界上一些产量最高的渔业。显著上升流的地区包括秘鲁沿海、智利、阿拉伯海、南非西部、新西兰东部和加利福尼亚海岸。

桡足类是主要的浮游生物，是"饲料鱼"菜单上的主要项目。它们是在海洋和淡水栖息地中生活的一组小型甲壳类动物。桡足类通常长 1～2mm，身体呈泪珠状。一些科学家指出，它们形成了地球上最大的生物量。桡足类具有非常高的警觉性。它们有很大的触角，当它们张开触角时，可以感应到鱼群到来的压力波，并以极快的速度跳跃超过几厘米。如果桡足类的浓度达到高水平，作为"饲料鱼"之一的鲱鱼，会采用一种称为"公羊喂食"的方式进食，它们张着大嘴游泳，鳃盖完全张开。一些研究表明，鲱鱼能够调节自身对光的适应能力，使鱼体能顺利地进入各种深浅不同的水层中捕获食物，以桡足类、翼足类和其他浮游甲壳生物以及鱼类的幼体为食。

6.3.3　生殖优势

鱼群具有生殖功能。集群增加了它们接触潜在配偶的机会，因为在"浅滩"中寻找配偶并不需要费太多精力。对于长距离航行到产卵区域的洄游鱼类，在鱼群"浅滩"洄游时，"浅滩"的航行可能会比单个鱼的航行更好。"饲料鱼"经常在产卵、觅食和育苗场之间进行多次迁徙。特定种群的集群通常在这些场地之间形成三角形。例如，一种鲱鱼的产卵场在挪威南部，它们的觅食场在冰岛，而它们的育苗场在挪威北部。像这样的宽阔的三角旅程可能很重要，因为"饲料鱼"在喂食时无法区分自己的后代。

毛鳞鱼是在大西洋和北冰洋发现的胡瓜科的一种"饲料鱼"。在夏天，它们在冰架边缘的密集的浮游生物群中吃草。较大的毛鳞鱼还吃磷虾和其他甲壳类动物。毛鳞鱼在大群中向近岸移动，在春季和夏季产卵和迁徙，在冰岛和格陵兰之间浮游生物丰富的地区觅食。迁徙受洋流影响，冰岛周围成熟的毛鳞鱼在春季和夏季大规模地向北觅食迁徙；返回迁徙发生在 9～11 月；产卵迁徙于 12 月或 1 月从冰岛北部开始。

6.3.4　水动力效率

水动力效率理论指出，一群鱼在一起游泳时可以节省体能，就像骑自行车的人可以在大部队中互相带动一样。以"V"形编队飞行的候鸟也被认为可以通过在编队中前一个动物产生的翼尖涡流的上升气流中飞行来节省能量。

鱼群中规则的间距和大小均匀性会使水动力效率似乎是合理的。虽然早期基于实验室的实验未能检测到集群中一条鱼的邻居创造的水动力效益，但人们认为，效率的提高确实发生在海洋中。鱼群在水槽中游泳的动力学实验表明，与同一条鱼单独游泳时相比，鱼群的游泳成本降低了 20%。集群的引领者不断变化，因为在集群的主体中具有水动力优势，引领者将首先获得食物。研究表明，在集群前面的鱼遇到并摄入更多食物后，由于膳食消化过程中产生的运动限制，这些鱼随后会重新集结到鱼群的后方。

6.3.5　捕食者回避

通常观察到，如果将鱼群与鱼群分开，鱼群会有被吃掉的危险。鱼群挫败捕食者的一种潜在方法是 Landa 和 Jeschke 提出并证明了的"捕食者混淆效应"。该理论基于这样一种观点，即捕食者很难从群体中选择个体被捕食鱼，因为许多移动目标会造成捕食者视觉通道的感官过载。Landa 和 Jeschke 的发现在实验室和计算机模拟中都得到了证实。"浅滩"的鱼体型相同，呈银色，因此视觉上的捕食者很难从一大群扭曲、闪烁的鱼中挑选出一个个体，并会在被捕食鱼消失在"浅滩"中之前非常迅速地抓住它。

School 行为混淆了掠食者的侧线器官(LLO)及电感应系统(ESS)。单条鱼的鳍运动充当点形波源，发出梯度，捕食者可以通过该梯度定位它。由于许多鱼的区域会重叠，因此集群效应应该掩盖这种梯度，或许模仿更大动物的压力波，并且更有可能混淆侧线感知。LLO 在捕食者攻击的最后阶段是必不可少的。一些对电敏感的动物可以通过使用空间非均匀性来定位场源。为了产生单独的信号，个体鱼必须彼此相距大约 5 个身体宽度。如果物体靠得太近而无法区分，它们就会形成模糊的图像。基于此，有人提出集群效应可能会混淆掠食者的 ESS 动物聚集。该理论指出，随着群体规模的增加，扫描环境来捕食的任务可以分散在许多个体身上。这种大规模的合作不仅可以提高个体的警惕性，还可以为个体进食留出更多时间。

鱼群的反捕食效应是个体鱼遇到"稀释"效应的一种结果，鱼群的"稀释"效应是出于对安全性的考虑，并与混淆效应相互作用，在"稀释"效应下，攻击鱼群的捕食者只能吃掉大"浅滩"鱼群中的一小部分鱼。汉密尔顿提出动物聚集可能是因为想要"自私"地避开捕食者而寻求掩护的一种形式。Ioannou 和 Tombak 则给出了该理论的另一种表述，并被视为检测和攻击概率的组合。在该理论的检测部分中，有人提出潜在的被捕食鱼可能会因生活在一起而受益，因为与分散分布的捕食者相比，捕食者更不可能偶然发现单个群体；在攻击部分，人们认为当存在更多鱼时，攻击性捕食者不太可能吃掉特定的鱼。总而言之，假设检测和攻击的概率不会随着组的大小不成比例地增加，若一条鱼在两组中较大的一组，则它具有优势。

集群的"饲料鱼"经常受到捕食者的攻击，例如在非洲沙丁鱼"奔跑"期间发生的袭击事件。非洲沙丁鱼"奔跑"是数百万条银色沙丁鱼沿着非洲南部海岸线进行的壮观迁徙。在生物量方面，沙丁鱼的"奔跑"可以与东非的角马大迁徙相媲美。沙丁鱼的生命周期很短，只能活两三年。大约两岁的成年沙丁鱼聚集在厄加勒斯河岸上，它们在春季和夏季产卵，将数以万计的卵释放到水中。然后成年沙丁鱼在数百个"浅滩"中向印度洋中的亚热带水域前进。较大的"浅滩"可能长 7km、宽 1.5km、深 30m。大量鲨鱼、海豚、金枪鱼、旗鱼、海角海豹甚至虎鲸聚集并跟随"浅滩"，在海岸线上掀起一场觅食狂潮。

当受到威胁时，沙丁鱼(和其他"饲料鱼")会本能地聚集在一起，制造出巨大的诱饵球，诱饵球的直径可达 20m。它们的聚集是短暂的，持续时间很少超过 20min。留在厄加勒斯河岸的鱼卵随水流向西北漂流到西海岸附近的水域，幼鱼在那里发育成幼鱼。当它们足够成熟时，它们又聚集成密集的"浅滩"并向南迁移，返回厄加勒斯河岸，重新开始生命的循环。

6.4 鱼群整体结构动态变化

6.4.1 描述鱼群动态结构的参数

由于涉及大量鱼类，所以很难观察和准确描述现实世界鱼群的三维结构，但是我们可以定义鱼群的一些参数来大致反映鱼群的状态。

(1)集群大小：集群中的鱼数量。有人在北美东海岸的大陆架边缘附近使用了一种遥感技术来拍摄鱼群的图像。据说这些"浅滩"——最有可能由大西洋鲱鱼、鲱鱼、无须鳕和黑鲈组成——包含数千万条鱼，绵延数公里。

(2)密度：鱼群的密度是鱼的数量除以鱼群所占的体积。密度不一定是整个组的常数。鱼群中鱼的密度通常定义为每立方米水体中鱼的数量。根据数量多少，鱼群的密度分为低密度和高密度，如图6.3(a)、图6.3(b)所示。

(3)极性：群体极性描述了鱼群中的鱼都指向同一方向的程度。对于每条鱼，找到它的方向和鱼群整体方向之间的角度差，群体极性是这些差异的平均值，如图6.3(c)和图6.3(d)所示。

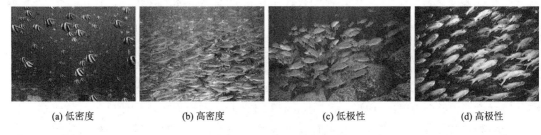

(a) 低密度　　　　　(b) 高密度　　　　　(c) 低极性　　　　　(d) 高极性

图6.3　鱼群密度与极性的参数示意图

最近邻距离(nearest neighbor distance, NND)——描述了一条焦点鱼的质心与离该鱼最近的鱼的质心之间的距离。可以为聚合中的每条鱼找到此参数，然后对其求平均值。必须注意位于鱼群边缘的鱼，因为这些鱼在某一个方向上没有邻居。NND也与堆积密度有关。对于鱼群来说，NND通常在个体鱼半身长到一身长之间。

最近邻位置——在极坐标系中，最近邻位置描述了最近邻鱼与焦点鱼的角度和距离。

填充率——填充率是从物理学借用的参数，用于定义3D鱼群的组织(或状态，即固体、液体或气体)。它是密度的替代度量。在此参数中，聚合被理想化为实心球体的集合，每条鱼都位于球体的中心。填充率定义为所有单个球体占据的总体积与聚集体的整体体积之比，值的范围为0~1。

综合条件密度——测量不同长度尺度的密度，因此描述了整个动物组密度的均匀性。

对分布函数——该参数通常在物理学中用于表征粒子系统中的空间有序程度。它也描述了密度，但这个度量描述了远离给定点的密度。

上述反映鱼群体结构的参数往往采用瞬时照片，分析某时刻的位置和角度等，反映了鱼群的静态结构。但鱼群是处于不断运动中的，群体的形状、空间分布、结构都是处于不断变化的动态之中的，所以需要探索能反映动态结构的参数。

6.4.2　鱼群群体形状与运动速度的关系

Niwa 研究了一个固定种群规模的机制，根据实验数据，群体大小的标准偏差分布与平均群体大小成比例。他采用长、宽、厚之比作为鱼群形状的指标，对水槽中石鲷鱼群的形状和群体尾数之间的关系进行了调查。结果表明，群体尾数为 5 尾群的比例为 1∶0.6∶0.8，群体在前进方向上较长，但群体尾数为 10 尾、15 尾时，群体前进方向的长度就会变短，平面形状接近圆形，15 尾群的比例为 1∶1∶0.7。苏联学者调查发现，日本海鲐鱼群的大小变化很大，但大多由 50 000 尾至 100 000 尾个体组成。

研究鱼群群体形状的模型是为了定量分析和表述鱼群群体的空间形状，假设鱼群是圆球形，如果鱼类集群的目的是不容易被掠食者发现，则球形的表面积和体积最小。但是，从野外实地观察的结果发现，鱼群并不是以球形存在的。Breder 用水面和海流的影响来解释，而 Parrish 则认为没出现期望中的形状，是生态因素起了重要作用。自然界选择的结果是，鱼群的防御圈应该是球形的，因为向上和向下的可视距离是很好的，但鱼群的厚度没必要与群体的长度和宽度一致。鱼群一般在长度方向很长，宽度上次之，在厚度上较小，而群体的前沿呈现弧形，所以整体上看，鱼群往往呈现扁椭圆形。静止的鲤鱼群呈现圆球体，绿线鳕鱼群为椭圆体。对运动中鱼群形状的微观分析表明，鱼群的外形多半呈现为椭圆体。Pitcher 等对绿线鳕鱼群的微观结构进行了观察分析，以一条鱼为中心，建立球坐标，并以 20° 为间隔，在三维方向上共有 81 个方位角，记录了在该方位上的邻居鱼的游泳速度为 1.4BL/s 和 1.98BL/s，向左移动。当鱼游动时，在垂直方向上的距离变小，即鱼群呈扁椭圆体，而当其速度由 1.4BL/s 增加到 1.9BL/s 时，NND 变小，鱼群形状进一步趋向扁平状，变化最大的是参考鱼的正前方、后方、正上方和下方。

不同种的鱼类，鱼群的空间形状和大小都是不同的，即使同一种类，鱼群的外部构造也会随时间、地点、鱼的生理状态及环境条件等而变化。苏联和日本学者对鱼群的外部结构研究得较多。Breder 指出，随着鱼群游动速度的加快，鱼群的外形会变长。

6.5　鱼群行为模型与功能设计

6.5.1　集群设计原则

Reynolds 观察鸟群在空中飞行群体后指出，鸟群是一种自组织(self-organization)群体，每个个体都按一定规则独立运动。他根据鸟群在天空和谐有序地飞行的情况，提出一组鸟群的行为规则，建立了 Boid 模型，模拟鸟群的飞行。Hooper 则按自组织原则编写了鱼群运动模型，开发了可视化软件 CoolFish，该软件可以设定鱼群中个体的数量和游泳速度、NND 和转向能力等多种运动参数，还可以添加鲸鱼和鲨鱼等掠食者及其相应的游泳参数。这两个模型和计算机软件引起科学家极人的兴趣，它们揭示了研究群体行为的新途径，可以采用仿真模拟的方法，获得"逼真群体"的现象后，探索群体内在的运动规律和决定性因素。

这类模型提出的形成鱼群的主要假设如下。

(1)内聚性(Cohesion)：向着四周靠近自己的邻居鱼的平均中心位置运动。

(2)排列(Alignment)：向着靠近自己的邻居鱼的平均方向运动。

(3)分离(Separation)：与太靠近自己的邻居鱼分开以维持一个适当的距离。

(4)逃避掠食者(Predator Avoidance)：如果掠食者靠得太近，则会离开它远一点。

(5)回避障碍物(Obstruct Avoidance)：如果离障碍物太近，则需要游离它。

根据 Boid 模型模拟鱼群的行为，采用 3 条主要原则：聚心性、排斥性、一致性，详细如下。

1. 聚心性

聚心性要求所有鱼群中的单体鱼必须时刻有向心趋势，以维持鱼群的完整性。鱼群作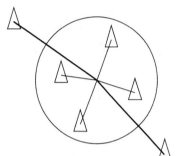为整体，单体鱼如果越是想向中心靠拢，鱼群表现的防御模式就越紧密。如图 6.4 所示，圆圈内的鱼(三角形表示)距离中心较近，聚心性较高，它们的防御性就较强；而圆圈外的鱼由于距离中心较远，聚心性较低，它们的防御性就较弱。

2. 排斥性

排斥性要求鱼群内的单体鱼与单体鱼之间必须保证有一定距离的间隔，如果邻居鱼有向自己靠近的趋势，自己

图 6.4　聚心性

必须同时响应一个远离邻居鱼的趋势。排斥性越强的鱼群，越会体现出一种稀疏的状态。实现时要考虑鱼与鱼的相对位置，如图 6.5 所示。

3. 一致性

一致性要求鱼群内的所有单体鱼应当意见相对统一，即它们的行进应当保持在相对范围内的一致。这个性质可以称为速度匹配性，在鱼群中，单体鱼主要计算的属性就是速度，速度向量的方向应当一致，同时大小也应该相对一致，不能出现游行方向混乱、游速低到脱节或高到超越的单体鱼。如图 6.6 所示，圆圈内的鱼(黑色三角形表示)总是尽量与邻居鱼的游动方向保持一致，当一条鱼发现周围邻居鱼的平均游动方向变化时，它也会随时调整自己的游动方向，力求与之一致。

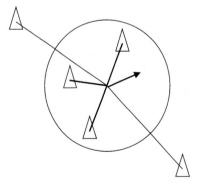

图 6.5　排斥性

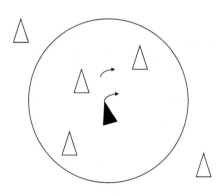

图 6.6　一致性

6.5.2　Aggregation 鱼群汇聚抢食模型

周应祺教授的研究表明，海洋鱼群的形成与状态是有迹可循的，各种孤立的小鱼，会因为不同的目的引起其集群欲望。对于鱼群，是需要进行区分的，如果只是小鱼各自游聚在一起，可以称为 Aggregation 鱼群。比如，有些鱼的习性如果设定为喜爱聚集，它们会在游动中与同伴渐渐形成一个鱼群，虽然互相接近，但是不会有统一的行动。或者当众多小鱼有了统一的聚集目标，比如鱼食，它们也会有统一的行动，即抢食群聚，但这是一种非团结的统一。

当在鱼缸或饲养锦鲤、金鱼之类观赏鱼的小湖、池塘等水域边随手撒下一片鱼食，很快就会发现鱼们会争先恐后地向鱼食处汇聚。只要有鱼食的地方，鱼们总会自发地汇聚成鱼群进行抢食行为。在该模型中，一般存在的鱼群体并不庞大，鱼食可以用在场景中产生的粒子光点代替。

当鱼进入觅食状态，即获取意愿数据后，行为层会执行以下几个任务。

(1) 食物搜寻感知。

(2) 对可见食物进行标记。

(3) 确定最倾向食物并根据实际情况触发向食物的不同运动。

(4) 避免鱼个体与鱼个体之间的碰撞。

食物搜寻方面，鱼只能看见视野范围内的鱼食，所以需要设置相关变量进行判断，超越视野范围的鱼食将不会被取消，也意味着不会被标记。所有可见鱼食，都会被标记，并且存放进 Goals[] 数组内，该数组作为访问数组，如果值为 1，说明该鱼食可见且被标记了，而不可见的将会赋 0。完成这两步后，该数组内全部被标记的鱼食将会由另一个行为程序处理，程序会询问哪一种食物供目标鱼来食用，经过计算后选出最倾向食用的食物。接着会依据鱼的预设习性及其他数据处理这个倾向度最高的食物与自己的远近程度，分级进行角度的调整。然后鱼再向食物方向游动。进行这些处理的同时要进行其他位置的鱼的碰撞检测，避免出现非真实的情况。

6.5.3　School 鱼群汇聚逃逸模型

School 鱼群，是许多鱼要团结一致采取行动时，才会产生的鱼群状态。比如，危险来临时，众多鱼会聚集并且产生高度的纪律性行为来避险，此时的鱼群行为不同于 Aggregation 鱼群，可以认为是团结的统一。

捕食逃逸行为最典型的场景就是大型鲨鱼类对小型沙丁鱼等集群的捕杀。现实生活中，沙丁鱼群的鱼个体数量级非常庞大，十万级、百万级甚至最大可以达到亿级。不论遇到怎样的天敌，沙丁鱼们总会在危险来临时通过集群，形成高度纪律性的 School 群体组织，来提高自己的防御力与反击能力。关于沙丁鱼群的集群行为有很多研究，研究表明，不同情况下的集群模式是会有所改变的。比如：当捕食者进入鱼群感知范围，但是还未非常接近鱼群时，鱼群往往会开始形成球团集群来进行警戒防御；而当捕食者冲击接近时，鱼群可以以喷泉模式散开或以双子群分裂模式散开。这里不进一步展开对逃逸模式更细节的分类讨论，旨在实现一个较为基础的简化的逃逸模拟。另外，对于该模型，需要更换实验环境。针对大量鱼群的集群行为模拟如果仍然使用 OpenGL 实时计算，会导致渲染的代价极大。

所以选择在 Unity 中，使用一些提前构建好骨骼、纹理，并且绑定好静态动画的鱼类模型来模拟演示大量鱼群的集群行为。

逃逸模型中存在一个捕食者与沙丁鱼群，简化以上对单体虚拟鱼模型的详细设计，减少一些无关的结构变量，只保留鱼的速度属性。同时设计一个鱼群集合，存放逐渐聚集而来的单体鱼。

鱼群行为层意图按照 3.3 节提到的加权思路，先直接从 Boid 三原则产生相应的意图，即聚心性、排斥性、一致性，再加上捕食者捕杀、被捕食鱼逃避等这些意图，并通过设定相应的欲望权重，来计算控制鱼的分速度，即运动层表现，这样就组成了鱼群的基本形态。因为在复杂群体中单体鱼的具体细节可以忽略，所以，在捕食者与被捕食鱼的感受系统中，可以将鱼眼感受器弱化，不再细致地设置视野区域等变量。原本由鱼眼感受器获得世界数据再进行行为处理等复杂过程，现在简化为直接计算两者的欧氏距离进行行为处理。在目标判断识别上我们采取设置相应标签，同伴鱼之间的标签一致，捕食者与被捕食鱼之间不一致。

同伴与同伴之间，捕食者与被捕食鱼之间的距离均如式(6-1)所示。

$$Distance = \sqrt{(X_1 - X_2)^2 + (Y_1 - Y_2)^2 + (Z_1 - Z_2)^2} \tag{6-1}$$

距离采取三维空间中欧式距离来计算。

6.5.4　鱼群仿真功能方法的设计

鱼群仿真的过程如下。

(1) 初始化鱼群集合，为一个列表类型。

(2) 开始循环产生虚拟鱼实体，处理每一条鱼的预设属性，并存入集合内。

(3) 仿真开始，每帧调用计算函数 Compute() 实时改变鱼群形态。

简化鱼模型中最主要的是 Compute() 仿真计算函数，每帧都会计算，先判断是否需要为鱼群增加新鱼，再更新鱼群内虚拟鱼的速度。主要包含以下子计算过程。

(1) Predationvelocity() 计算捕食者狩猎的分速度，只对捕食者有效。若为被捕食鱼则计算结果直接为 0，否则开始计算。先初始化被捕食鱼数组并取得所有被捕食鱼，然后遍历被捕食鱼数组，对每个被捕食鱼获得当前距离，比较所有距离后求出最短距离，最终得到当前靠得最近的被捕食鱼。然后算出与被捕食鱼之间位置差方向上的单位向量，并且计算一个相差距离与狩猎半径的比值，最后全部乘上狩猎欲望，距离比值越大，狩猎欲望越高，则狩猎的速度越快。

(2) Escapevelocity() 计算被捕食鱼的逃逸分速度，只对被捕食鱼有效。基本流程与狩猎分速度计算相同，只是两者的计算对象互换了，逃逸分速度是被捕食鱼才有的。

(3) Keepfriendsvelocity(List<Fish>Friends) 为符合一致性，计算用来跟上鱼类之间同伴速度的修正分速度。

(4) Tocentervelocity(List<Fish>Friends) 为符合聚心性，计算向心分速度。

(5) Keepfriendsdisvelocity(List<Fish>Friends) 为符合排斥性，计算保持同伴距离的分速度。

(6) Keepcreaterdisvelocity() 为符合排斥性，计算保持中心距离的分速度。

(7)Randvelocity 为一个随机分速度，由 Randomvelocity()计算得出，作为初始化时的初速度，第 1 帧有效。

(8)List<Fish>Getfriends()用来时刻更新鱼群内的鱼量，逐渐聚集。先创建同伴游戏对象数组，并且通过 Find()方法找到同标签的游戏对象，创建临时鱼群集合。如果鱼同伴集合中遍历到的鱼与鱼个体距离小于鱼群设定的伙伴距离，即可加入鱼群。

最后，综合以上所有的分速度计算结果，获得一个总速度向量。同时，使用速度上限与 Clampvelocity()方法进行处理获得最终速度，将该速度作为虚拟鱼的下一时刻的速度，进行鱼的位置更新。

6.6 机器鱼集群特征及其应用

6.6.1 机器鱼群的基本行为

在机器鱼集群技术中，多个机器鱼(同质或异质)相互联络，形成一个机器鱼群。由于单个机器鱼在本地具有处理、通信和传感能力，因此，它们能够相互交互，并对环境做出自主反应。

在大多数群体算法中，个体根据局部规则执行，整体行为从群体个体的相互作用中有机地出现。具体到机器鱼群体领域，单个机器鱼表现出基于本地规则集的行为，其范围可以从传感器输入和执行器输出之间的简单反应映射到精细的本地算法。通常，这些局部行为包含与物理世界的交互，还包括环境和其他机器鱼。每个交互都包括读取和解释感官数据、处理这些数据及相应的驱动执行器。这样的一系列交互被定义为重复执行的基本行为，无论是无限期还是直到达到所需的状态。具有额外的机器鱼群体行为包括集体定位、集体感知、同步、自我修复和自我复制，这些行为是从描述单个机器鱼的任务及由群体实现的最终全局目标的高级视图来解释的。

采用不同的传感器通信需要指定不同的群体行动模型。如果采用同步振荡器作为通信和导航的系统，目标区域的机器鱼会增加它们的频率，从而在群体中产生相位波，机器鱼可以使用这些相位波来执行波前导航，即朝着更高的频率行进。策略在机器鱼之间执行相位耦合，以允许同步运动。多个机器鱼的模拟表明，这些策略可以很好地扩展，并且主要受到避免碰撞行为的限制。通过最多 3 个机器鱼的实验证实了这一点，其中引入了传感器和执行器噪声。采用相机传感器时，通过改变交互领域和机器鱼行进的速度，可以影响同步的出现。机器鱼速度会影响达到同步的时间，而狭窄的交互范围会导致同步程度低。此外，由于机器鱼的信号被遮挡、彼此会碰撞及机器鱼密度太高都会限制同步的可能性。

6.6.2 机器鱼群的应用

在机器鱼群的实际应用中，测试水域环境任务是最常见的一种应用，比如，鸭嘴兽(Platypus)公司的自主群机器鱼，可以很好地用于测量和监测水质，它们提供了定义水体的密集地图，以全面了解水质，包括盐度和氧气分层，根据水体的规模和类型使用不同的平台，执行集中计划的集体探索，并使用面向团队的计划与人类操作员互动。另外，还有 Hydromea 公司开发了更多的自主无人潜航器(UUV)。他们的 UUV 群能够同时在许多位置进行水质测量，深度可达 300m，能比传统方法更快地创建具有高空间和时间分辨率的 3D 数据集。UUV 的小尺寸允许它们便捷的应用，例如，在冰下、保护区、地下水洞穴和储罐中，UUV 都能够使用声学三角测量在群体中的定位。

　　通常，群体规模取决于公司或研究机构库存的机器鱼数量，并不总是根据所需的群体行为进行选择。虽然研究一直在进行，几十年来，群体机器鱼技术的突破，特别是在工业应用方面尚未出现。这是因为仍有几个未解决的问题。首先，机器鱼群的可靠性是一个问题。在工程集群中，需要高可靠性和可用性以提供工作系统。单个集群成员的故障会增加运营成本并可能导致安全问题，尤其是对于无人机而言。由依赖分布式信息的自主机器鱼执行的具有涌现特征的群体行为无法对安全性和可靠性提供所需的保证。因此，许多工业项目仍然依赖于集中控制如娱乐应用。另一个问题是群体内部及群体与中央单元指挥和控制站之间的通信。为了让一个群体完全自主地工作，它应该提供自己的通信方式。这是通过通常在紧急和救援场景中使用的自组织 WLAN 网络来实现的。这种通信网络的范围有限且稳定性较差，因为当单个机器鱼发生故障或超出范围时，它们可能会崩溃。基于基础设施的网络如蜂窝网络，可以提供更稳定的通信，但它需要安装基站。虽然这通常适用于陆地或区域环境，但不适用于太空或水上任务，尤其是在水上任务中，由于无线电信号在水中衰减很快，因此，机器鱼可以通过水声遥控系统，将手机发出的无线电信号转化为水声通信指令进行远程操纵。这种技术也为更大型、航行距离更广的水下机器人打下了基础。

6.7　本章小结

　　本章首先介绍了鱼群的概念，对鱼群群体行为进行理论分析，区分了鱼类集群和鱼类聚集。随后介绍了不同年代鱼群观察的不同方法，说明了鱼类单体到鱼群聚集的具体优势，以及为何会聚集在一起。在鱼群的基础上概述了在鱼群中鱼类个体对其他个体的行为反应模型、对多条邻居鱼的行为反应，包括对外部环境影响下整体鱼群的形状变化及鱼群内部个体的行为反应情况，然后进行了鱼群行为模型的功能设计函数的基本介绍。最后给出了机器鱼集群的特征和应用场景。

第 7 章　鱼群-捕食者模型的仿真设计

本章构建一种鱼群-捕食者模型，选取 10 种典型的被捕食鱼类行为，每种行为策略有其前置行为和后置行为，所有行为之间的关联和转变都由有限状态机决定，并给出对应的算法伪代码，最后基于鱼群-捕食者模型给出一个实现案例。

7.1　鱼群-捕食者模型概述

针对鱼群-捕食者系统中鱼群逃逸行为的研究，1983 年，Pitcher 和 Wyche 在室外水池中进行了相关实验，观察了鱼群在将食肉鱼引入水池时所表现出的行为模式。当捕食者被引入水池时，球模式是第一个展现的行为。静止的紧凑型球持续了几秒钟之后转变为紧凑型行为。被捕食鱼群球可以是紧密耦合的，也可以是松散耦合的。鱼群大部分时间都很紧张，没有花太多时间展示其他反捕食者行为(分裂、沙漏、液泡、弯曲、潜水、放牧和喷泉等形状)。英国生态学家 Magurran 也进行了一项实验，以分析捕食者的攻击和鱼群为逃避捕食者而展示的反捕食者机制。鱼群展示了各种各样的策略，从混乱效应到闪电扩张，以保护它们免受捕食者的攻击。Magurran 还总结了各种逃逸行为之间的转变。在这一系列的捕食者逃避策略中，最初的探测是在捕食者出现在环境中而不是处于狩猎行为时进行的。如果捕食者进入跟踪行为，则鱼群会采取跳跃和快速躲避等逃跑策略；而在捕食者攻击时，鱼群会展现喷泉效应和闪光行为。

当捕食者像拉链一样穿过鱼群时，鱼群就会展现出液泡行为，液泡的形状通常为椭圆形。通过连续的攻击，捕食者可以成功地分裂鱼群。当捕食者攻击、遇到障碍物或鱼群快速、急促地向相反方向行进时，鱼群通常会分成两个或多个小组。此拆分操作展现为对捕食者的直接反应，或作为喷泉、液泡和沙漏行为的中间反应。这些分裂的鱼群结构不那么严密，也不太固定。分裂通常持续 10s 或更长时间。只要有可能，鱼群就会变更方向。当两个或更多的小组在更近的范围内加入时，子群会跟随新方向，这个新方向是子群的合成向量方向。当捕食者在鱼群中心收缩且鱼群两侧的鱼转向同一方向以远离捕食者时，沙漏行为就表现出来了。在捕食者追逐鱼群时，会出现被驱赶的行为，这个行为还可以合并到其他行为中如液泡状和沙漏状行为。

7.2　鱼群-捕食者模型的构建

本章将描述一个有限行为状态机模型决定被捕食鱼群的逃逸行为，如图 7.1 所示。所提出的行为状态机由一组逃生行为组成，根据视觉、横向和通信等特定输入条件，从一个行为(策略)过渡到另一个行为。这些逃逸行为之间的转变是基于生物学研究。例如，当发现捕食者时，被捕食鱼群可能会形成球状。如果捕食者攻击，被捕食鱼群会使用分裂策略，然后重新汇合成一个紧凑的群体。如果被捕食鱼群足够大，它们可能会表现出液泡行为，否则它们在受到攻击时可能会使用沙漏行为。当它们被捕食者追赶时，就会观察到鱼群模式。当捕食者攻击时，喷泉行为之前则是被驱赶行为。这个行为状态机还包含了 Reynolds 提出的 3 个原则，聚心性、排斥性和一致性。例如，在喷泉行为中，当鱼群分裂并以弧形移动时，各个子群中的鱼遵循 Reynolds 的 3 个原则，这会驱使鱼再次汇合回到鱼群中。

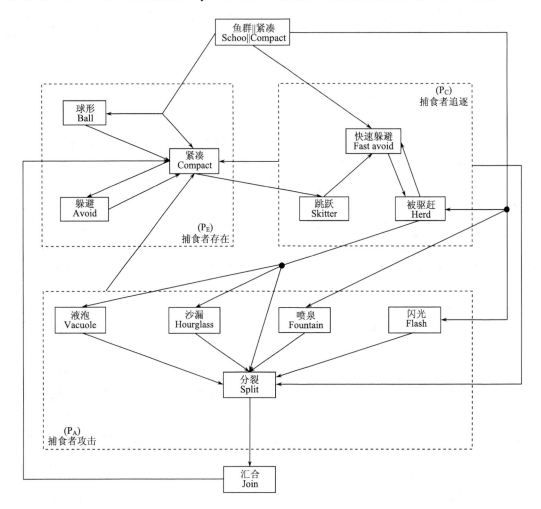

图 7.1　鱼群逃逸行为状态机模型

行为状态机中的逃逸行为根据 3 种捕食者状态(捕食者存在、捕食者追逐和捕食者攻击)进行分组，描述如下。

1. 捕食者存在状态

在捕食者存在(Predator existence, P_E)状态下，视觉 V 或个体鱼交流因子和恐惧因子会触发被捕食鱼群形成球形或紧凑型(Compact)。如果恐惧因子值大于定义的恐惧阈值，则使用球形行为(Ball)，球形行为会一直持续到捕食者到达球为止；如果捕食者追逐靠近鱼群的距离(Distance of predator chase, D_{PC})小于球形距离阈值，则球形分散到紧凑行为中。紧凑行为可以由视觉或通信系统触发。在基于通信的触发情况下，一些被捕食鱼首先感知捕食者($V=1$)，然后向跟随者传达速度和方向，整个鱼群逐步转变为紧凑行为。只要与捕食者的距离高于躲避距离阈值(Distance of avoid threshold, D_{AT})，紧凑行为就可以保持；否则，鱼群将转变为躲避行为(Avoid)。如果被捕食鱼群离开捕食者，直到距离大于躲避距离阈值，这种躲避行为可以转变回紧凑行为。

2. 捕食者追逐状态

在捕食者追逐(Predator chase, P_C)状态下，视觉 V、交流因子和涟漪力可以触发被捕食鱼群表现出快速躲避行为(Fast avoid)。快速躲避行为之前有时会有跳跃行为，之后是被驱赶行为(Herd)。如果小型鱼群突然被捕食者追赶，并且没有足够的时间直接避开捕食者，则被捕食鱼群首先表现出跳跃行为(Skitter)，其中每个被捕食鱼跳跃一定距离，然后跳跃行为变为快速躲避行为。如果捕食者接近被捕食鱼群的距离小于被驱赶距离，则会发生从快速躲避到被驱赶行为的转变。如果信息在被捕食鱼群中的所有跟随者之间传递量(Information transformation, I_T)为 1，鱼群将返回到快速回避，被驱赶行为可以转变至捕食者攻击行为下的逃逸行为。

3. 捕食者攻击状态

在捕食者攻击(Predator attack, P_A)状态下，视觉 V、横向和通信因素触发闪光(Flash)、喷泉(Fountain)、分裂(Split)、液泡(Vacuole)和沙漏(Hourglass)等行为。如果 $I_T < 0.5$(离开捕食者的方向和速度信息被传递到捕食者群体中不到一半的跟随者，引领者通过视觉感知或横向感知感知捕食者)，则会展现闪光行为。如果 $0.5 < I_T < 1$，捕食鱼通过将鱼群分成两个相反的方向来展现喷泉行为(Fountain)；如果 $I_T = 1$，即所有的跟随鱼都收到信息时，一直处于被驱赶行为的鱼群就会转变为液泡或沙漏行为。只有当鱼的数量大于数量阈值且 D_{PC} 为零时，才会出现液泡行为。

4. 其他变化

如果捕食者的涟漪力大于其各自行为的阈值力，P_C 和 P_A 行为下的所有这些逃生行为将转变至分裂行为；或者如果捕食者的涟漪力为 0，则过渡到紧凑行为。如果子组中的任何鱼的最近距离 NND 小于一定的阈值，则这些子组会再次汇合组成一个鱼群。

7.2.1　紧凑行为

在紧凑行为中，鱼群彼此靠近，在 0.5～2 体长的范围内极化并密集排列。当被捕食鱼群观察到捕食者时，其中的每条鱼都会立即警觉并靠近它的邻居鱼。

前置行为：被捕食鱼在相应的前提条件下，可以通过逃逸转变为紧凑行为，也可以通过捕食者追逐(P_C)状态中的所有行为转变为紧凑行为。或者它们可以从群体行为或汇合行为转变为紧凑行为。

紧凑行为由两种子行为组成：警惕(Alert_Compact)和反应(Reaction_Compact)。

1. 警惕子行为

在警惕子行为下,鱼群引领者进入交流子行为,将新的最近邻居距离(NND_N,如式(7-1)所示)的信息传递给跟随者,并进入反应子行为。当跟随者接收到信息后(交流因子的值为1),它们将进入反应子行为。在这种行为中,如果捕食者能被它们看到,一些被捕食鱼会被指定为引领者($V=1$),引领者比它们的追随者更早地开始表现出紧凑性。

$$NND_N = NND_C / f_D \tag{7-1}$$

式中,NND_C为鱼群当前的最近邻居距离,f_D为随机游动而变化的距离因子。

2. 反应子行为

在反应子行为下,所有被捕食鱼类以与群体行为相同的速度和方向,与已确定的最新NND_N一起聚集。

后置行为:从紧凑行为可以转变为其他躲避行为。

7.2.2 躲避行为

躲避是鱼群作为防御捕食者所采用的最常见和最重要的策略。躲避策略只是为了避免或改变捕食者的路线,而鱼群的形状或大小几乎没有变化。在距离捕食者最近的区域,近邻距离会减少,最后它们会离开捕食者 1.3~2m。这种躲避行为首先是由靠近捕食者的被捕食鱼类发起的,而其余的鱼类则会紧随其后。率先采用躲避行为的鱼的数量很重要,如果行为是由少数几条鱼发起的,其余的鱼则不会跟随,而是会使发起者倾向于在一个主要鱼群中。快速躲避的表现速度比不太频繁的正常回避要快。

在躲避行为中,被捕食鱼会游离捕食者,直到它与捕食者的距离大于躲避距离阈值。躲避行为与紧凑行为的状态类似,除了表现出紧凑的外形外,被捕食鱼还会改变方向以避开捕食者。

前置行为:被捕食鱼进入躲避行为时,要么从紧凑转变至该行为,要么从跳跃行为转变至该行为,各有不同的先决条件。另一种可能是从被驱赶行为转变至该行为。捕食者要么在存在状态要么在追逐状态。

躲避行为由两种子行为组成:警惕(Alert_Avoid)和反应(Reaction_Avoid)。

1. 警惕子行为

在警惕子行为下,每条引领者i将新方向D_{iN}(与捕食者相反)传达给追随者。追随者们在引领者之后进入反应子行为,然后它们在D_{iN}方向上聚集。

2. 反应子行为

快速躲避与躲避行为相似。唯一的区别是,由于捕食者追逐产生的涟漪力不同,被捕食鱼会以比正常的逃避行为更快的速度远离捕食者,如式(7-2)所示。这种新的速度和新的方向是由引领者在进入反应子行为之前传达给追随者的。

$$S_N = S_C * f_S \tag{7-2}$$

式中，S_N 是鱼群的新速度，S_C 是鱼群的当前速度，f_S 是随机游动而变化的速度因子。

后置行为：一旦被捕食鱼群离开捕食者，它们就转变为紧凑行为，条件为 $D_{PC} \geqslant D_{AT}$。另一种可能的转变是被驱赶行为。被捕食鱼群可以在捕食者追逐状态下在快速躲避和被驱赶行为之间来回切换。

7.2.3　球形行为

当鱼群受到捕食者的威胁时，它们就会展现出球形行为。它们形成一个紧凑的球状图案，最近邻距离较低，如图 7.2 所示。这个球也被称为诱饵球，它是围绕一个公共中心紧密堆积的球形结构。当它们受到捕食者威胁时，无论是作为最后的防御措施，还是在环境中第一次观察到捕食者时，都会形成这种球形。在沙丁鱼群中可以观察到这些行为，沙丁鱼的球直径约为 10～20m，球可以延伸到 10m 的深度。这种球状模式可以持续几分钟，甚至从 10min 到 30min 不等。然而，这种机动机制可以吸引大量捕食者，并通过捕食者应对措施破坏鱼群的防御性质。

图 7.2　球形行为

在球形行为中，被捕食鱼形成一个紧凑的球体，并围绕一个中心旋转。这个行为存在于捕食者存在状态下。

前置行为：被捕食鱼从紧凑行为或被驱赶行为转变为球形行为。

球形行为由两种子行为组成：警惕(Alert_Ball)和反应(Reaction_Ball)。

1. 警惕子行为

在警惕子行为下，为被捕食鱼群生成一个球形全局中心 G_B (Global center of ball)，这个全局中心位于鱼群质心 G_C (Global centroid) 的左边或右边，随后它们进入反应子行为。

2. 反应子行为

反应子行为又分为两个子行为：到达目标位置（Reach_Target position）和环绕（Rotate_Around）。

在到达目标子行为中，每条被捕食鱼到达警惕子行为中生成的全局中心，并调整自己的位置以避免与邻居发生碰撞。在到达目标子行为之后。

在环绕子行为下，每条鱼以 S_N（如式（7-2）所示）的速度围绕一个中心旋转。所有这些运动都形成一个球的形状，每条被捕食鱼 i 在球中的位置 f_{iP} 用极坐标更新如式（7-3）所示。

$$f_{iP} = (r\cos\theta\sin\varphi, r\sin\theta\cos\varphi, r\cos\varphi)$$

$$r \in (0, r_x), \theta \in [0, 2\pi) \ , \ \varphi \in [0, \pi] \tag{7-3}$$

其中，参数 r_x 取决于鱼的数量。

球形鱼群由多层组成，每层鱼的数量为 n，如式（7-4）所示。

$$n = 4\pi r_i^2 / (C_1 * \mathrm{BL}) \tag{7-4}$$

式中，r_i 为半径，C_1 为常数，BL 为被捕食鱼的平均体长。

后置行为：当捕食者离开的距离大于球形距离阈值时，球体就会分散。球形行为之后唯一可能的行为是紧凑行为。

7.2.4 被驱赶行为

当捕食者刚好在鱼群后面时，可以观察到被驱赶行为。与躲避行为一样，捕食者靠近鱼群的地方也有一点压缩，导致鱼群后部呈 V 形或扇形，如图 7.3 所示。当捕食者从后面向同一方向追赶时，被捕食鱼群就会表现出这种模式。被捕食鱼与捕食者保持最小距离，同时展示这种行为，被捕食鱼群中的每个个体都会发生位置变化。被捕食鱼发现自己在捕食者的前面，并呈放射状向前移动，形成一个扇形的后缘。这一策略表现在捕食者追逐的状态中。

图 7.3　被驱赶行为

前置行为：被捕食鱼要么从紧凑行为转变至被驱赶行为，要么从快速躲避行为转变至被驱赶行为。

被驱赶行为由两种子行为组成：警惕(Alert_Herd)和反应(Reaction_Herd)。

1. 警惕子行为

在警惕子行为下，引领者和追随者是根据它们相对于捕食者的位置来指定的。在被驱赶半径范围内的背对捕食者的那条鱼(f_{iB})是引领者，它们将速度(S_{iN}，如式(7-5)所示)传递给前面的那条鱼(追随者 f_{iF})，然后进入反应子行为。这些引领者将进入随机移动和紧凑行为。在收到引领者的信息后，跟随者也进入反应子行为，并直接进入紧凑行为。

$$S_N = S_C * f_S$$
$$S_{iN} = S_N * D_{iP} \tag{7-5}$$

式中，S_C 是鱼群的当前速度；f_S 是随机游动而变化的速度因子；D_{iP} 是第 i 条鱼到捕食者的距离。

2. 反应子行为

在随机移动子行为下，背对捕食者的鱼群沿如图 7.4 所示的方向呈放射状向前移动。这些方向是由角度 β 决定的，角度由捕食者的方向矢量和连接捕食者和被捕食鱼位置的矢量决定。例如，落在 0°～45°角之间的鱼会直线移动，而落在 45°～90°角之间的鱼则会稍微向右移动。每条被捕食鱼的速度(S_{iN})根据捕食者的涟漪力而变化。前掠鱼的速度比背掠鱼的速度慢(如式(7-5)所示)。它们呈放射状向前移动，直到 NND 小于碰撞阈值。总的方向是在三维环境中远离捕食者。

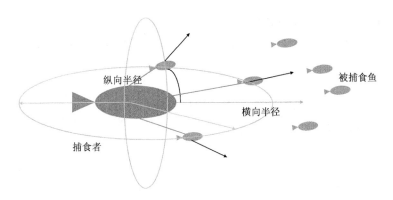

图 7.4　被驱赶行为下捕食者和被捕食鱼位置示意图

后置行为：被驱赶行为可以转变为其他行为，如液泡(Vacuole)和沙漏行为(Hourglass)。也可能继续再转变为紧凑和躲避行为。当被具有 $F_{RA} > F_{TA}$ 的捕食者攻击时，鱼群会从被驱赶行为转变为分裂行为(Split)，因为它们不能再聚集在一起了。

7.2.5　液泡行为

在液泡行为中，捕食者被被捕食鱼群中的一个缺口包围，如图 7.5 所示。可以在数百条鱼群中观察到这种行为，它们会遇到捕食者或威胁性物体，并倾向于服从邻居鱼。液泡模式分为 3 个步骤。

(1) 捕食者试图穿过鱼群。

(2) 被捕食鱼群创造了一个缺口。

(3) 被捕食鱼包围了捕食者。

一般来说，第一步发生得更频繁，因为捕食者相对于被捕食鱼群有更高的速度，因此它不会被被捕食鱼群包围太久。

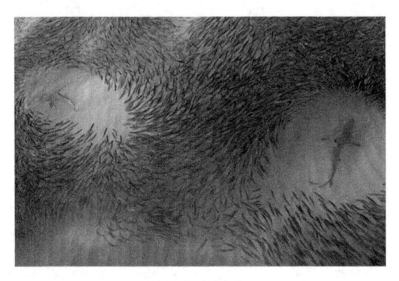

图 7.5　液泡行为

前置行为：被驱赶行为可转变为液泡行为。

液泡行为由两种子行为组成：警惕（Alert_Vacuole）和反应（Reaction_Vacuole）。

1. 警惕子行为

在警惕子行为下，落在捕食者后面的被捕食鱼在反应子行为下移动到环绕子行为，而其他鱼以 S_N 的速度移动到紧凑子行为。

2. 反应子行为

在环绕子行为中，被捕食鱼包围捕食者，即左右的被捕食鱼以不同的速度 S_{IN} 游向鱼群中空的中心（如式(7-5)所示），直到它们的最近邻居距离达到阈值距离，然后它们会和捕食者聚集在一起，且其他的被捕食鱼在原来的方向以被驱赶行为和相同的速度游动。

后置行为：在液泡行为后，被捕食鱼群转变为紧凑子行为。如果捕食者发起攻击，则它们退出液泡行为，转变为分裂行为。

7.2.6　喷泉行为

当捕食者从鱼群后面靠近时，就会发生喷泉行为。研究人员对这种现象进行了广泛研究。每一条鱼相对于捕食者都会加快速度，分裂，游向捕食者后面，最后又汇聚成鱼群。

这是捕食者在鱼群中心发起攻击的结果。然而，这种策略有一个较大的风险，即当鱼群分裂后转向捕食者时，它们更容易被捕获。

在喷泉行为下，被捕食鱼加快速度，分开，转身(呈半圆形)，然后游到捕食者的后面。捕食者处于捕食者攻击行为，可以攻击被捕食鱼群的任何一边。

前置行为：在图 7.1 中的前提条件下，喷泉行为可以从鱼群行为或紧凑行为转变而来。

喷泉行为由两种子行为组成：警惕(Alert_Fountain)和反应(Reaction_Fountain)。

1. 警惕子行为

在警惕子行为下，鱼群被分成两半(右和左)。每条被捕食鱼 i 都产生了重心 G_{iC}，使其旋转，并呈现出喷泉图案，如图 7.6 所示。

图 7.6　喷泉行为

在 3D 世界中，左右子群是通过在 PG-PG 平面上创建一个简化的 2D 局部轴来确定的，如图 7.7 所示。不需要第三维(Y-vertical 轴)来确定被捕食的左右位置。PG 轴是连接捕食者位置 P_P 和被捕食鱼群质心 G_C 的线，PG 轴垂直于通过质心 G_C 的 PG 轴。可以确定哪一方的 PG-axis 每个被捕食鱼应该下降(左或右)，项目的目标位置 G_{PR} 设在 PG 轴(Goal intercept, G_I)，然后找出这一点相对于 PG 轴落在哪一边，这是由方向截距(Direction intercept, D_I) $D_I > 0$ 或 $D_I < 0$ 决定的。

计算截距方向 D_I 的公式如下：

$$D_I = (G_I.x - P_P.x) * (G_{PR}.z - P_P.z) - (G_I.z - P_P.z) * (G_{PR}.x - P_P.x) \tag{7-6}$$

类似地，通过检查 fish_Direction>0 或<0，可以确定每条被捕食鱼 f_{iP} 相对于 PG 轴落在哪一边。根据 D_I、fish_Direction 及被捕食鱼群的方向，可以确定被捕食鱼是落在 PG 轴的右侧还是左侧。例如，如果 D_I 和 fish_Direction 有相同的符号(都大于 0 或小于 0)，那么它们在 PG 轴的同一侧。

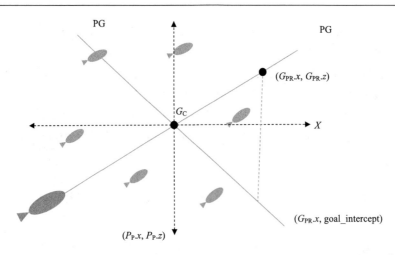

图 7.7　决定鱼在左子群或右子群

2. 反应子行为

在反应子行为下，每个涟漪力将两个子群推到相反的方向(repulsive sub-state，排斥力子行为)，每条被捕食产生的 G_{iC}(在警惕子行为下产生)起到引力拉力 G_{iP} 的作用，两个相反的力(重力拉力和捕食者涟漪)使每条鱼旋转成弧形。每条离捕食者更近的被捕食鱼经历更大的涟漪力，并被更强的力推开。因此，它们的弯曲路径有更大的半径。

随着捕食者的移动，涟漪力减小，G_{iP} 增加，被捕食鱼重新加入捕食者后面(regrouping sub-state，重组子行为状态)，并转变为紧凑行为。在这些子行为(排斥和重组)中，被捕食鱼的反应速度加快，由式(7-5)所确定。

后置行为：在喷泉行为中，被捕食鱼的行为转变为紧凑行为。如果捕食者攻击，被捕食鱼退出喷泉行为并转变为分裂行为。

7.2.7　沙漏行为

沙漏行为发生在鱼群被捕食鱼限制在中心时。当鱼群没有分裂的倾向时，鱼群的凹陷部分在边缘像一座桥一样连接两个群体。捕食鱼穿过沙漏桥，与沙漏桥两端的鱼相比，其速度和相邻距离更大。

在沙漏行为中，鱼群的一部分被压缩，形成一个沙漏形状。捕食者处于捕食者攻击状态，通常攻击被捕食鱼群的后方。被捕食鱼类通常会被分为左、中、右 3 组子鱼群。

前置行为：与液泡行为相似，被驱赶行为可转变为沙漏行为。也就是说，在被驱赶行为之后，被捕食鱼群在中心被压缩。当被捕食鱼转向同一个方向以远离捕食者时，就形成了一个沙漏形状。

沙漏行为分为两个步骤：洼地形成(转变为被驱赶行为)和同向转身。由两种子行为组成：警惕(Alert_Hourglass)和反应(Reaction_Hourglass)。

1. 警惕子行为

在警惕子行为下，被捕食鱼类分为左、中、右 3 组。如图 7.8 所示，捕食者的方向向量被分为左、中、右三组个子群，虚线表示了被驱赶行为形成的凹陷。引领者组在左侧，方向被发送(通信)给另外两个跟随组。在此之后，引领者群体进入反应子行为。在收到信息后，跟随者进入反应子行为。

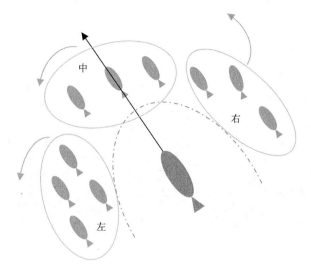

图 7.8　被驱赶状态下捕食者和被捕食鱼群位置示意图

2. 反应子行为

在反应子行为下，捕食者的涟漪力使得领导者以 S_{iN}(如式(7-5)所示)的速度从捕食者处掉头，然后在转向子行为下，跟随者以较大的半径转向引领者。被捕食鱼距离捕食者的方向向量越远，被捕食鱼的转弯半径就越大，速度因被捕食鱼群的密度而异。最后，它们都进入紧凑行为。

后置行为：在沙漏行为之后，被捕食鱼群转变为紧凑行为。当捕食者攻击时，沙漏形状分散，鱼群转变为分裂行为。

7.2.8　闪光行为

当一群鱼受到捕食者的直接、快速攻击时，通常会发生闪电扩张。许多研究人员都观察到了这种行为。在这个行为中，被捕食鱼群爆炸，所有被捕食鱼都从中心向不同方向移动，如图 7.9 所示。移动到一定距离后，鱼群在几秒钟后重新集合。有时，被捕食鱼可能需要更长的时间重新汇集。这种策略有一个主要风险，即如果被捕食鱼在表现出这种策略的同时被隔离，那么被捕食鱼被捕获的可能性就更大。这种策略主要出现在小型鱼群中，因为在大型鱼群中，不可能所有被捕食鱼都意识到捕食者的攻击。

在闪光行为中，被捕食鱼群爆炸，所有的鱼都向随机的方向移动。几秒钟后，它们又聚集到一起。捕食者处于攻击状态，通常会攻击被捕食鱼群的任意一边。

前置行为：闪光行为可以从鱼群行为或紧凑行为转变而来，其先决条件如图 7.1 所示。

闪光行为由两种子行为组成：警惕(Alert_Flash)和反应(Reaction_Flash)。

图 7.9　闪光行为

1. 警惕子行为

在警惕子行为下，为每条被捕食鱼产生一个移动方向，即各自转向。根据被捕食鱼的水平逃逸角（x-z 平面）和垂直逃逸角（y 平面）计算被捕食鱼的方向，如式（7-7）所示。

$$\alpha_h = C_2 * SP_i$$
$$SP_i = (z_c - z_{iP} / x_c - x_{iP}) \tag{7-7}$$

式中，α_h 是水平逃逸角；C_2 是常数；x_c 和 z_c 是被捕食鱼在 xz 轴的坐标；x_{iP} 和 z_{iP} 是捕食鱼在 xz 的坐标。

$$\alpha_v = C_3(r_v / d_{vi}) \tag{7-8}$$

式中，α_v 是垂直逃逸角；C_3 是常数；$r_v = y_m - y_n$，其中 y_m 是最顶层被捕食鱼的 y 坐标，y_n 是最底层被捕食鱼的 y 坐标；$d_{vi} = y_c - y_{iP}$，y_c 和 y_{iP} 分别是被捕食鱼和捕食鱼的 y 坐标。被捕食鱼根据运动方向会顺时针或逆时针旋转 α_h 和 α_v 角度。

2. 反应子行为

（1）在爆炸子行为下，每条被捕食鱼都沿着自己的路径快速移动，如式（7-5）所示，旋转角度为上述讨论的角度。经过爆炸时间 T_E 后触发重组子行为。

（2）在重组子行为下，随着捕食者远离鱼群，每条被捕食鱼以相同的速度返回到它原来的位置，涟漪力减小。当它们到达大致的初始位置时，它们进入突击阶段，并随机向不同方向有几秒钟的惊吓时间（startle time, T_S）（该阶段为跳跃行为），然后转变为紧凑行为。当被捕食鱼群突然被追逐时，跳跃行为也可以成为捕食者追逐行为的一部分。

后置行为：闪光行为之后，被捕食鱼转变为紧凑行为。

7.2.9　分裂行为

当一群鱼被捕食或障碍物挤压时，就会发生分裂行为。当鱼群的两个极端朝相反的方向游动时，也可以观察到分裂。捕食者试图分裂鱼群，以孤立的鱼为食。分裂后，鱼要么重新汇集，要么可能彻底崩溃。分裂可能是其他策略的一部分。如果被捕食鱼群无法维持喷泉行为，将导致分裂。同样，当鱼群转向两个相反的方向时，鱼群分成两个亚组，如图 7.10 所示。

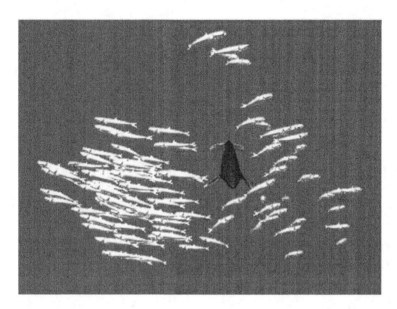

图 7.10　分裂行为

在分裂行为中，被捕食鱼群分裂成小群，每个小群向相反或不同的方向移动。

前置行为：分裂行为可以是许多逃跑行为的一部分。例如，如果喷泉在攻击下无法维持，鱼群就会分裂。

分裂行为由两种子行为组成：警惕(Alert_Split)和反应(Reaction_Split)。

1. 警惕子行为

警惕子行为又分为两个子行为：形成子组和通信。在形成子组子行为中，鱼群形成一定数量的子组。子组根据引领者的数量(引领者的数量=子组的数量)组成。攻击时，捕食者附近的被捕食鱼被指定为引领者(f_{iL})，引领者的数量是随机的，其余被引领的被捕食群(f_{iF})根据其与引领者的距离(D_L)被分组到这些子组中。子组形成后，引领者进入通信子行为，将方向信息发送给各自子群中的追随者，并根据捕食者的方向来确定方向，如图 7.11 所示，L 表示液引领导者 leader。

2. 反应子行为

在反应子行为下，不同子群中的每条鱼以不同速度 S_{iN}(如式(7-5)所示)和不同方向(D_{iN})进入子组子行为。在这个子行为下，这些子群体形成单独的鱼群，向相反的方向远离捕食者。

后置行为：在分裂行为后，鱼群汇合在一起。

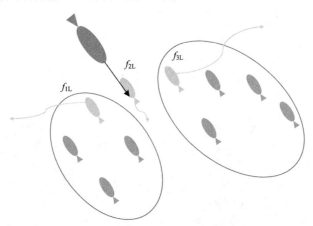

图 7.11　3 个引领者和它所引领子群的游动方向

7.2.10　汇合行为

在汇合行为中，鱼群中分开的鱼重新集合。在这个过程中，一开始在交汇点会有一个混乱区域，后来它们又聚集在一起。

前置行为：如果捕食者不在场，被捕食鱼会在分裂行为之后转变为汇合行为。

汇合行为由两种子行为组成：警惕和反应。

1. 警惕子行为

在警惕子行为下，每个子群中的被捕食鱼被分成前群和后群，并进入反应子行为。

2. 反应子行为

在反应子行为下，位于前端的引领者按照确定的方向移动，如式(7-9)所示。这由 n 个子组的目标方向确定(sub-group's goal direction, $\widehat{G}_{iSG}$)，以重组鱼群。

$$D_{iN} = \sum_{i=1}^{n} \widehat{G}_{iSG} \tag{7-9}$$

后掠鱼(f_{iB}, th i-th back predator fish)接收这个方向信息有一个时间延迟。该时间延迟取决于其与相应子鱼群组的质心(D_{iC})的距离。这些鱼短暂进入迷茫行为，抖动片刻，以变化的速度(如式(7-5)所示)和新的目标方向(如式(7-9)所示)移动到重组子行为。

后置行为：在汇合行为后，被捕食鱼进入紧凑行为。

7.3　鱼群-捕食者模型算法的设计

7.3.1　紧凑-躲避行为算法

在躲避行为中，被捕食鱼会游离捕食者，直到它与捕食者的距离大于 D_{AT}。除了表现出紧凑的外形外，被捕食鱼还会改变方向以避开捕食者。

捕食者行为：被捕食鱼群处于捕食者存在状态。

算法：紧凑-躲避行为转变（Compact-Avoid maneuver algorithm）。

输入：被捕食鱼群（prey_School）。

输出：紧凑-躲避行为的转变。

```
Begin:
//捕食者存在时，由视觉触发警惕子行为
if V=1 & P_E then
//反应子行为
  for each fish f_i in prey_School do
      NND_N = NND_C/f_D        //减少与最近邻居的距离
      S_N = S_C * f_S          //提升速度
      D_iN = G_C - (-P_P)      //前进方向朝捕食者所在位置的反方向
  end for each
end if
End
```

7.3.2　球形行为算法

在球形行为中，被捕食鱼形成一个紧凑的球体，并围绕一个中心旋转。

捕食者行为：被捕食鱼群处于捕食者存在状态。

算法：球形行为（Ball maneuver algorithm）。

输入：被捕食鱼群（prey_School）。

输出：球形行为。

```
Begin:
//捕食者存在时，由视觉和恐惧因子触发警惕子行为
If V=1 & F_F & P_E then
//反应子行为
  Radius_Ball = default initial value
  Loop = true;
  do
  r = radius_Ball + random_Value
  n = 4π(r)^2 / (BL*C_1)
  if(N-n <= 0)   //鱼的总数量
    n = N
    N = 0
  else
    N = N - n
  end if
  initialize thetaArray[]
  initialize phiArray[]
  while n>0
    n--
```

```
    θ = Random(0, 2π)
    φ = Random(0, π)
    //双重检测一对随机值
    while(thetaArray.contains(θ) & phiArray.position(θ) &
          thetaArray.position(θ) == phiArray.position(θ))
        θ = Random(0, 2π)
        φ = Random(0, π)
    end while
    thetaArray.push(θ)
    phiArray.push(θ)
    f_ip = (rcosθsinφ, rsinθsinφ, rcosφ)
  end while
  if(N < 0)
    loop = false
  while(loop)
  end of do while
  //绕着一个中心旋转(中心点位置随机)
  for each fish f_i in prey_School do
    S_N = S_C * f_s
    RotateAround(G_pr)
  end for each
 end if
End
```

7.3.3　被驱赶、液泡和沙漏行为算法

在被驱赶行为中，被捕食鱼发现自己在捕食者的前面，并呈放射状向前移动，形成一个扇形的后缘。这一策略表现在捕食者追逐中；在沙漏行为中，鱼群的一部分被压缩，形成一个沙漏形状，捕食者处于捕食者攻击状态，通常攻击被捕食鱼群的背部；在液泡行为中，当捕食者快速通过鱼群时，被捕食鱼包围了捕食者，结果形成液泡(椭圆形)。

捕食者行为：对于被驱赶行为，被捕食鱼群处于捕食者追逐状态；对于沙漏和液泡行为，被捕食鱼群处于捕食者攻击状态。

算法：被驱赶、液泡和沙漏行为(Herd, vacuole and hourglass maneuver algorithm)。

输入：被捕食鱼群 prey_School。

输出：被驱赶、液泡和沙漏行为。

```
Begin:
if D_PC < D_MinA, V=1, F=F_RC & P_C then   //警惕子行为
    //被驱赶行为的反应子行为
    for each fish f_i in prey_School do
        β = Vector3.Angle(f_iP⃗, G_cP⃗)
        if(D_ifP < front_radius)
            if(0<β<45 or 0>β>-45)
                S_iN = S_i * f_s
```

```
        else if(45<β<90)
            f_iP = transform.right;
        else if(-45>β>-90)
            f_iP = -transform.right;
        end if
    //液泡行为的反应子行为
        else if(D_iP < back_radius)
            if(45<β<180 or -135>β>-180)
                S_iN = S_i * f_S
            else if(90<β<135)
                f_iP = -transform.right;
            else if(-90>β>-135)
                f_iP = transform.right;
            end if
        end if
        //结束液泡行为
    end foreach
//沙漏行为的反应子行为
(if I_T=1, &P_A, and herd_reaction and not vacuole_reaction)
    if(D_PC < start_HourG)
        if(D_PC > hourglass_Threshold)
            hour_Direction = Random(left, right)(i.e., -1 or 1)
        for each fish f_i in prey_School do
            if(hour+Direction*β > 0)
                transform(f_i, in hour_Direction)
            else
                rotate(f_i, with larger radius)
            end if
        end for each
    end if
end if
//结束沙漏行为
End
```

7.3.4　喷泉行为算法

在喷泉行为下，被捕食鱼加快速度，分开，转身(呈半圆形)，然后游到捕食者的后面。捕食者处于攻击状态，可以攻击被捕食鱼群的任何一边。

捕食者行为：被捕食鱼群处于捕食者攻击状态。

算法：喷泉行为(Fountain maneuver algorithm)。

输入：被捕食鱼群 prey_School。

输出：喷泉行为。

```
Begin:
```

```
if F_RC>F_TC & PA, then  //警惕子行为
    D_I=(G_I.x-P_P.x)*(G_pr.z-P_P.z)-(G_I.z-P_P.z)*(G_pr.x-P_P.x)
    for each fish f_i in prey_School do
        time_Delay(D_ifP/C)
//暂停下面的鱼的计算，持续D_ifP/c秒，C是常量，由模拟时决定
        fish_Direction=(((f_iP.x - P_P.x) * (G_pr.z - P_P.z))-((f_iP.z-P_P.z)*(G_pr.x- P_P.x)))
        if(inter_Direction == fish_Direction)
            start_rotateAround(f_iP)
            S_iP = f_S/D_iP  //根据与捕食者的距离确定速度
        else
            start_rotateAround(-f_iP)
            S_iP = f_S/D_iP
        end if
    end for each
else
    stop_Rotate(f_iP)
    prey_School(P_P) from school with predator position as goal position
end if
End
```

7.3.5 闪光行为算法

在闪光行为中，被捕食鱼群爆炸，所有的鱼都向随机的方向移动。几秒钟后，它们又聚集到一起。捕食者处于攻击状态，通常攻击被捕食鱼群的任意一边。

捕食者行为：被捕食鱼群处于捕食者攻击状态。

算法：闪光行为(Flash maneuver algorithm)。

输入：被捕食鱼群 prey_School。

输出：闪光行为。

```
Begin:
if I_T=0, F=F_RA & P_A,  //警惕子行为
    for each fish f_i in prey_School do    //反应子行为
        if(D_PC < C)  //c是常量，由模拟时决定
            prey_Horizontal = C_2 * SP_i
            prey_Vertical =C_3(r_v/d_vi)
            if(f_i above G_c in vertical axis)
                sign = 1
            else
                sign = -1
            end if
        end if
        switch(prey_Vertical)
        case prey_Vertical < C_1:
            vertical_Rotation = sign*alpha1;
```

```
      case prey_Vertical < C₂:
        vertical_Rotation = sign*alpha2;
      case prey_Vertical < C₃:
        vertical_Rotation = sign*alpha3;
        …
      end switch
      switch(prey_Horizontal)
      case prey_Horizontal between 0 to 10:
        horizontal_Rotation = sign*beta1;
      case prey_Horizontal between 10 to 20:
        horizontal_Rotation = sign*beta2;
      case prey_Horizontal between 20 to 30:
        horizontal_Rotation = sign*beta3;
        …
      case prey_Horizontal between 350 to 360:
        horizontal_Rotation = sign*beta36;
      end switch
    end for each
else if I_T=0, F_RA<F_TA, T>T_E & P_A
    rotate(f_iP, vertical_Rotation, horizontal_Rotation)
    translate(d)        //由d引发变化
    startle(T_S)        //跳跃行为
    prey_School(f_iP)   //形成鱼群
end if
End
```

7.3.6　分裂行为算法

在分裂行为中，被捕食鱼群分裂成小群，每个小群向相反或不同的方向移动。捕食者攻击从任何方向(顶部、底部、左侧、右侧、前部和后部)瞄准被捕食鱼群的质心。

捕食者行为：被捕食鱼群处于捕食者攻击行为。

算法：分裂行为(Split maneuver algorithm)。

输入：被捕食鱼群 prey_School。

输出：分裂行为子群。

```
Begin:
if F_RA>F_TA & PA, then  //警惕自行为
    //反应子行为
    D_I = (G_T.x - P_P.x)*(G_pr.z - P_P.z) - (G_I.z - P_P.z)*(G_pr.x - P_P.x)
    if(G_pr ∈ Q₁)        //象限1
      sign = 1
    else if(G_pr ∈ Q₄)   //象限4
      sign = -1
    else if(G_pr ∈ Q₂)   //象限2
```

```
        sign = -1
    else if(G_pr ∈ Q₃)  //象限3
        sign = 1
    end if
    for each fish f_i in prey_School do
        time_Delay(D_ifP / c)
//暂停下面的鱼的计算，持续DifP/c秒，c是常量，由模拟时决定
        fish_Direction = (f_iP.x - P_P.x)*(G_pr.z - P_P.z) - (f_iP.z - P_P.z)*(G_pr.x - P_P.x)
        if(D_I == fish_Direction)
            f_iP = (sign) * f_i.transform.right
            S_iP = f_S/D_iP  //根据与捕食者的距离确定速度
        else
            fiP = -(sign) * f_i.transform.right
            S_iP = f_S/D_iP
        end if
    end for each
else
    prey_School(f_i)  //形成鱼群
end if
End
```

7.3.7　汇合行为算法

在汇合行为中，鱼群中分开的小部分鱼群会重新聚合。在这个过程中，一开始在交汇点会有一个混乱区域，后来聚集在一起。

捕食者行为：被捕食鱼群可以处于任何状态。

算法：汇合行为(Join maneuver algorithm)。

输入：被捕食鱼群 prey_School_1，prey_School_2。

输出：汇合行为。

```
Begin:
//警惕行为
if(NND < NND_T)  //由任何一条鱼处于NNDT
    for each fish f_i in prey_School do  //反应子行为
        if(f_i ∈ prey_school_1)
            if(f_i is leader)
                D_iN = ∑_{i=1}^n Ĝ_iSG
            else
                //C是常量，由模拟时决定
                time_Delay(D_iC/C)
                D_iN = ∑_{i=1}^n Ĝ_iSG
            end if
        else if(f_i ∈ prey_school_2)
            if(f_i is leader)
```

```
            D_iN = ∑_{i=1}^{n} Ĝ_iSG
        else
            time_Delay(D_iC/C)
            D_iN = ∑_{i=1}^{n} Ĝ_iSG
        end if
    end if
  end for each
end if
End
```

7.4　基于鱼群-捕食者模型的目标选择策略模型

7.1 节~7.3 节描述了一种基于行为状态机的鱼群-捕食者模型,并对其中每种状态进行了详细的描述。本节将介绍一个基于上述模型的实现,简称为捕食者目标选择策略模型,其中包括已经介绍过的躲避行为、闪光行为和分裂行为,以捕食者为因变量,观察其在不同目标选择策略下鱼群的不同表现。

7.4.1　鱼群行为模型的构建

本节以 6.5.1 节介绍过的 Boid 模型为基础,在经典的 3 条行为原则(排斥性、一致性和聚心性)之外增加几条与捕食者交互和与避障相关的行为规则。

在三维虚拟环境中,设定鱼群中个体的数量 $N(i=1,2,\cdots,N)$ 个体基本属性包括位置 C_i 和单位方向向量 v_i,最小和最大速度分别为 minSpeed 和 maxSpeed。连续的时间分割为离散的时间步 t,时间间隔为 τ,τ 为 0.03s(画面 1s 约 30 帧,1 帧的时间即为 τ)。个体鱼下一时间步的方向向量 d_i $(t+\tau)$ 的计算如式(7-10)所示。

$$d_i(t+\tau) = \lambda_r * D_r(t+\tau) + \lambda_o * D_o(t+\tau) + \lambda_a * D_a(t+\tau) + \\ \lambda_{tg} * D_{tg}(t+\tau) + \lambda_{ac} * D_{ac}(t+\tau) + \lambda_{ap} * D_{ap}(t+\tau) \tag{7-10}$$

式(7-10)中的每一个子项都是系数 λ_x 与分向量 $D_x(t+\tau)$ 的乘积。每一个分向量都是由不同的规则与邻居鱼、捕食者、障碍和目标点交互所产生的,此处所有分向量都是原始分向量与个体鱼当前方向向量的差向量,即

$$D_x(t+\tau) = \frac{d_x(t+\tau)}{|d_x(t+\tau)|} * \text{maxSpeed} - d_i(t) \tag{7-11}$$

经过式(7-11)分解后,产生的差向量将直接作用于个体鱼,其与个体鱼当前行进方向的合力是原始分向量,若直接将原始分向量作用于个体鱼,则会产生方向偏差。由方向向量 $d_i(t+\tau)$ 可以更新个体鱼的基本属性,如式(7-12)所示。

$$v_i(t+\tau) = \frac{d_i(t+\tau)}{|d_i(t+\tau)|}$$

$$c_i(t+\tau) = c_i(t) + d_i(t+\tau) * \tau \tag{7-12}$$

排斥区域规定为以个体为中心点，半径为 r_r 的圆形区域，此区域遵循 Boid 规则的"近距离时的排斥性"，意为这是个体的安全区域，若有任何其他邻居鱼出现，则会尝试朝反方向躲避它们，这是为了维持个体鱼间的最小距离。使用式(7-13)计算排斥向量。

$$d_r(t+\tau) = -\sum_{j\neq i}^{n_r} \frac{r_{ij}(t)}{\left|r_{ij}(t)\right|} \tag{7-13}$$

式中，$r_{ij}(t) = (c_j-c_i) / |c_j-c_i|$ 代表个体鱼 i 到 j 的单位方向向量；n_r 是所有出现在个体鱼 i 的排斥区域中邻居的数量。式(7-14)和式(7-15)中的 n_o 和 n_a 则代表出现在排列和吸引区域的邻居鱼数量。

排列区域规定为环绕在排斥区域周围的一圈环形区域，环宽为 r_o。此区域遵循 Boid 规则的"中距离时的一致性"，意为个体会尝试调整行进方向以对齐其他在此区域内的邻居。为了维持群体的一致连贯性，使用式(7-14)计算排列向量。

$$d_o(t+\tau) = \sum_{j=1}^{n_o} \frac{v_i(t)}{\left|v_i(t)\right|} \tag{7-14}$$

吸引区域规定为整个区域的最外圈的环形区域，环宽为 r_a。此区域遵循 Boid 规则的"远距离时的聚心性"，吸引力是维持群体避免分裂的重要规则，所以此吸引力指的是其他邻居鱼对此个体鱼的吸引力，它会尝试靠近其他在吸引区的邻居鱼。使用式(7-15)计算吸引向量。

$$d_a(t+\tau) = \sum_{j\neq i}^{n_a} \frac{r_{ij}(t)}{\left|r_{ij}(t)\right|} \tag{7-15}$$

以上 3 条规则是原始 Boid 模型所包含的。为了模拟与捕食者或障碍交互，添加以下规则：围绕目标、躲避障碍和躲避捕食者。

(1)围绕目标规则是为鱼群设定目标点，以模拟鱼群盘旋在栖息地，也是为了便于捕食者选择目标。设目标点的位置为 c_{target}。使用式(7-16)计算目标点向量。

$$d_{tg}(t+\tau) = c_{target} - C_i \tag{7-16}$$

(2)躲避障碍。为了避免碰撞水中的天然障碍物或地形边界，个体鱼需要转变方向。这里产生躲避障碍分量的方法是以个体鱼为原点，以一定密度向世界坐标(世界坐标是定义物理世界的客观坐标，而以物体中心为原点，物体朝向为轴的坐标称为本地坐标)的正前方射出射线，找到和当前行进方向夹角最小的那个方向作为躲避障碍向量 $d_{ac}(t+\tau)$。

(3)躲避捕食者规则需要鱼群在感知到捕食者时，立刻朝个体鱼与捕食者连接方向相反的方向行进。设捕食者的位置为 c_p 使用式(7-17)计算躲避捕食者向量。

$$d_{ac}(t+\tau) = c_p - c_i \tag{7-17}$$

7.4.2　捕食者行为模型的构建

捕食者的模型分为行为模型和目标选择策略模型。首先是行为模型的构建。

三维虚拟环境中，捕食者的基本属性包括位置 c_p，单位方向向量 v_p，最小和最大速度分别是 minSpeedP 和 maxSpeedP，其速度要比鱼群快。捕食者与鱼群的行为方式基本一致，每一个时间步的行为方向都是由上一时间步的不同分向量叠加所决定的，一个物理上的区别是捕食者的体型较大,转向较为缓慢。由于捕食者数量为 1,所以不存在与同类交互的规则,故捕食者的行为规则仅包括躲避障碍和追踪目标。捕食者下一时间步的方向向量 $\boldsymbol{d}_p(t+\tau)$ 由式(7-18)计算得出。

$$\boldsymbol{d}_p(t+\tau) = \lambda_{pac} * \boldsymbol{D}_{pac}(t+\tau) + \lambda_{ptg} * \boldsymbol{D}_{pac}(t+\tau) \tag{7-18}$$

式(7-18)中所有方向分量也是经由式(7-11)分解后的差向量,基本属性更新方式和躲避障碍规则都与鱼群模型中的式(7-13)～式(7-15)一致,不再赘述。

目标选择策略是捕食者在数量较大的鱼群中如何选择单个被捕食鱼的方法。共有 3 种策略可采取:选择最近的个体、与质心最近的个体和选择最外围的个体。下面一一描述。

(1)策略 N:以鱼群内个体与捕食者的距离为优先数,优先函数如式(7-19)所示。

$$p_i = -\left| c_i - c_p \right| \tag{7-19}$$

式中,p_i 是分配给个体 i 的优先数。

(2)策略 C:以鱼群质心为原点,个体与质心的距离为优先数,优先函数如式(7-20)所示。

$$p_i = -\left| c_i - c_{group} \right| \tag{7-20}$$

$$c_{group} = \frac{1}{N} \sum_{i=1}^{n} c_i \tag{7-21}$$

式(7-20)中,c_{group} 表示鱼群质心点,因程序设定所有个体质量相等,故质心等于中心,即 c_{group} 也为鱼群中心点,使用式(7-21)计算其值。

(3)策略 P:选择最外围的目标策略。此策略思想较为复杂,此处给出示意图,如图 7.12 所示。优先函数如式(7-22)所示。

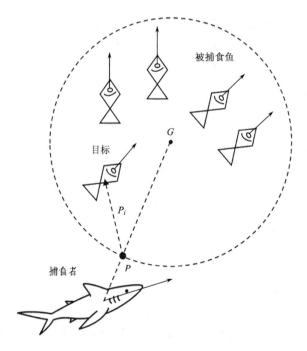

图 7.12　最外围目标选择策略示意图

$$p_i = -\left| \boldsymbol{c}_i^g - \beta M_{i\neq j}\left(\left|\boldsymbol{c}_j^g\right|\right)\frac{\boldsymbol{c}_p^g}{\left|\boldsymbol{c}_p^g\right|} \right| \tag{7-22}$$

式中，$\boldsymbol{c}_i^g = c_i - c_{\text{group}}$；$\boldsymbol{c}_p^g = c_p - c_{\text{group}}c$；$\beta$ 是常数系数；$M_{i\neq j}(|\boldsymbol{c}_j^g|)$ 表示质心到所有除 i 以外的个体的平均距离；$\beta M_{i\neq j}(|\boldsymbol{c}_j^g|)$ 就是图 7.12 中虚线圆的半径，可以认为虚线圆内是鱼群的覆盖范围。捕食者和鱼群质心的连接线与虚线圆的交点 P 是捕食者行进方向上最近的一个外围点，所有鱼群个体与此外围点距离的负数即是其被赋予的优先数。此策略的思想正是找出鱼群中处于最边缘、最外围的那个目标。

7.4.3　鱼群特征参数的设定

为了直观体现捕食者对鱼群攻击前后鱼群结构的变化，使用 3 个特征参数记录鱼群信息，用以对程序模拟结果进行分析。第 1 个参数是群体极化程度 P_{group}（polarization，定义域[0-1]），如式（7-23）所示；第 2 个参数是群体角动量 M_{group}（angular momentum），如式（7-24）所示。

$$P_{\text{group}}(t) = \frac{1}{N}\left| \sum_{i=1}^{N} \boldsymbol{v}_i(t) \right| \tag{7-23}$$

$$M_{\text{group}}(t) = \frac{1}{N}\left| \sum_{i=1}^{N} \boldsymbol{c}_i^g(t) \times \boldsymbol{v}_i(t) \right| \tag{7-24}$$

式（7-24）中的 $\boldsymbol{c}_i^g(t)$ 与式（7-22）中相同。P_{group} 描述了鱼群所有个体朝向的一致性，若 P_{group} 接近于 0，则鱼群处于完全混乱状态，每个个体都没有和邻居形成方向上的一致；若 P_{group} 接近于 1，则鱼群处于完全极化状态，所有个体都朝着一致的方向前进。M_{group} 记录了群体角动量的均值，描述了鱼群围绕质心的旋转程度，若 M_{group} 接近于 0，则鱼群进行直线运动；若 M_{group} 接近或大于 1，则鱼群进行大规模的转向，可能是朝同一方向，也可能是朝不同方向。

第 3 个参数是群体尺寸 σ（FlockSize），如式（7-25）所示。

$$\sigma(t) = \sqrt{\frac{\sum_{i=1}^{N}\left|\boldsymbol{c}_i^g(t)\right|^2}{N}} \tag{7-25}$$

式（7-25）中的 $\boldsymbol{c}_i^g(t)$ 与式（7-22）中相同。σ 利用鱼群个体到质心的距离大致估算鱼群的体积。每当鱼群被攻击导致扩散或再度聚拢时，σ 的值也会随之增加或减少。

7.4.4　无捕食者群体状态和有捕食者使用目标选择策略 P 的群体状态对比

本章首先针对无捕食者群体特征和有捕食者时使用目标策略 P（选择最外围的目标策略）的群体特征进行对比分析其鱼群变化。鱼群数量规模设定为 200 条，时长为 30s，对应的极化程度为 P_{group}，群体角动量为 M_{group}。有无捕食者情况下鱼群群体的 3 种特征如图 7.13 所示。其中，(a) 表示有捕食者时使用目标策略 P 和无捕食者时的群体特征曲线；(b) 表示有捕食者使用目标策略 P 下 P_{group} 和 M_{group} 的曲线；(c) 表示无捕食者时 P_{group} 和 M_{group} 的曲线。

首先在无捕食者与有捕食者使用目标策略 P（选择最外围的目标策略）的条件下，在鱼群数量规模为 200 条、使用目标选择策略 P、时长为 30s 的条件下收集到鱼群尺寸变化曲线及对应的极化程度 P_{group} 和群体角动量 M_{group}，如图 7.13(a) 和 7.13(b) 所示，同时对比无捕食者情况下鱼群自然游动的尺寸变化曲线。

　　鱼群于 0s 时在一定范围内以随机位置、随机方向生成，因此 0～5s 的前半段鱼群呈混乱状态，对应于图 7.13(a)～图 7.13(c) 中的 0s 开始曲线上扬的部分。之后鱼群达到稳定，曲线趋于平缓。图 7.13(a) 中策略 P 的 σ 曲线相比于无捕食者 σ 曲线波折程度更大，有多个突起较高的波峰，这些波峰对应于视频中鱼群躲避地形边界或被攻击后散开的行为。策略 P 的 σ 曲线中第 22.5～30s 内有较大的凸起，对应捕食者在这期间对鱼群发起的连续两次攻击。如图 7.14 所示，其中实线箭头代表鱼群的大致方向，空心箭头代表捕食者的大致方向。被框选鱼为被选中的目标，(a)～(c) 为第 1 次攻击过程；(d)～(f) 为第 2 次攻击过程。

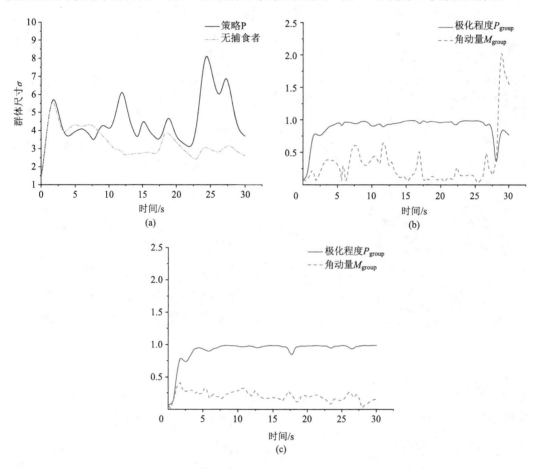

图 7.13　群体 3 种特征曲线图

　　捕食者选定目标后从鱼群后方发起攻击，鱼群随之朝四周散开，之后在捕食者后方再聚集，此为第 1 次攻击；捕食者转向之后从鱼群左后方再度攻击，接着鱼群再次散开并在捕食者后方聚集，此为第 2 次攻击。观察图 7.13(b) 中此时间段的曲线，P_{group} 直线下降，由 22.5s 处的 0.98 下降最多至 0.35，这表示鱼群由方向高度一致转变为较为分散；M_{group} 由 22.5s 处的 0.21 先下降至 0.04 又快速上升至 26.6s 处的 0.48，鱼群由稳定状态下的缓慢转向→发现捕食者后的全力向前逃逸→捕食者突入中心后分散，此反应常被描述为"Flash 效应"，也即 7.2.8 节中介绍的闪光行为，这对应于第 1 次攻击。之后又重复了下降→快速上升的过程，这次 M_{group} 上升得十分迅速并达到高峰，鱼群在混乱状态时受到第 2 次攻击致使其混乱程度更甚。

　　观察图 7.13(a) 中无捕食者 σ 曲线，在 17s 处开始有一低波峰，对应处的 P_{group} 曲线略有下降，M_{group} 曲线略有上升，观察视频对应处鱼群正处于地形边界，做出转向行为，这与各曲线的变化吻合。如图 7.15 所示，其中箭头代表鱼群的大致方向，(a)~(c) 表示鱼群遇到地形边界后转向。

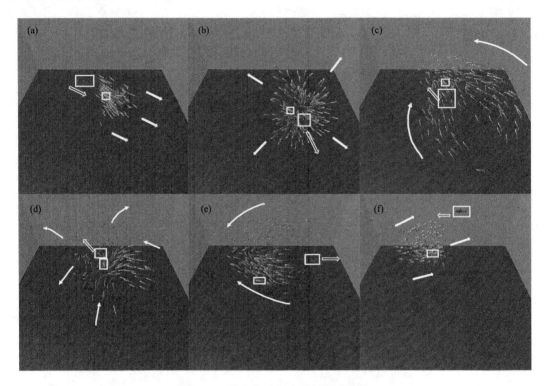

图 7.14　捕食者两次攻击鱼群过程图

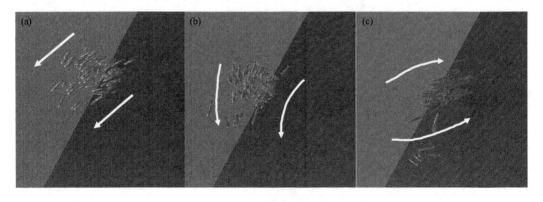

图 7.15　鱼群避障过程图

7.4.5　同一鱼群规模下 3 种不同目标选择策略的效果对比

在鱼群数量规模为 200 条的情况下，捕食者使用 3 种不同目标选择策略，在 30s 内各运行 5 次，根据所记录数据绘制成群体尺寸变化图和其曲线下面积图（area under curve, AUC）如图 7.16 所示。图 7.16（a）～图 7.16（e）是 5 次实验的群体尺寸曲线图，图 7.16（f）是 5 次实验的 AUC 对比柱状图。

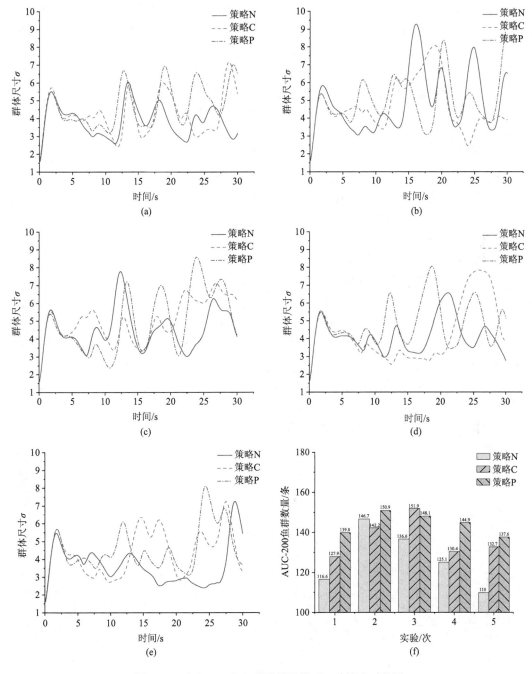

图 7.16　选取 200 条鱼群数量规模下 3 种策略对比图

由有无捕食者对比的结果得出，较高的波峰是由捕食者攻击所致，而较低的波峰是由鱼群躲避障碍转向所致。如图 7.16(f) 所示，3 种目标选择策略中，策略 P 的效果在 5 次实验中有 4 次柱体是最高的，平均比策略 N 的值高 14.4%，平均比策略 C 的值高 5.9%，代表其在 30s 内对鱼群尺寸的影响是最大的；策略 C 次之，在 5 次实验中有 4 次是次高的，平均比策略 N 高 8.5%；而策略 N 往往是最低的。

观察图 7.16(a)～图 7.16(f)（此分析在去除 0～5 s 内鱼群混乱的初始状态导致的高波峰下，以影响鱼群尺寸大小为攻击评价标准），策略 P 的曲线基本每次都出现 3 个较高的波峰，代表捕食者每次实验都会发动 3 次较为有效的攻击；策略 C 有时会出现 1 个高波峰，有时会出现 2～3 个较高波峰，这表示捕食者会发动一次非常有效的攻击或是两三次较为有效的攻击；策略 N 出现波峰的次数基本也在 3 次左右，然而往往只有一到两个波峰是较高的，这代表捕食者发动攻击时的效果并不都很理想，出现类似第 2 次实验中的整体高效攻击的概率是比较小的。因此判断使用策略 P 是三者之中对鱼群尺寸影响最大的。

7.4.6　不同鱼群规模下 3 种目标选择策略的效果对比

证明了策略 P 对于 200 条数量规模的鱼群是最有效的之后，再探讨对于不同规模的鱼群是否有普遍性的结论。此实验在鱼群数量规模分别为 100 条、200 条和 300 条，捕食者使用 3 种不同目标选择策略，分别在 30s 内运行 5 次，根据所记录数据绘制 AUC 柱状对比图，如图 7.17 所示。

观察图 7.17(c) 和图 7.17(d) 可知，对于 200 条和 300 条数量规模的鱼群，策略 P 的柱体 5 次中有 4 次是最高的，分别平均比策略 N 的值高 14.4% 和 28.1%，分别平均比策略 C 的值高 5.9% 和 13.2%，其效果依然是最佳的，在图 7.17(d) 中显现出的效果甚至有与其他策略进一步拉开差距的趋势；对于 100 条数量规模的鱼群，则有不同的表现（因前 5 次实验并未显示出明显的规律，故另增加 5 次实验，共 10 次）。观察图 7.17(a) 和图 7.17(b)，3 种策略的柱体最高的次数不相上下，并且以平均值来看也未出现图 7.17(c) 和图 7.17(d) 中明显的数值差距，这表明它们的效果总体相当。此现象的一种解释是小规模鱼群应对风险的能力较低。群体规模越大，群体警惕性越高，越会引起捕食者的混淆效应，即它们在选择和追踪目标时感到困惑。无论捕食者使用何种策略，小规模鱼群都无法使捕食者混淆，因此 3 种策略的效果相当。

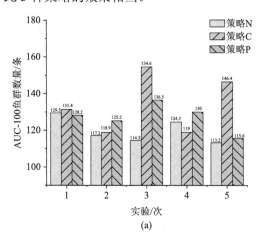

(a)

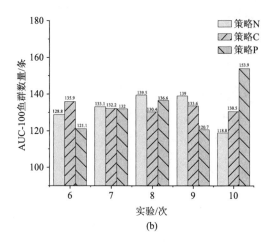

(b)

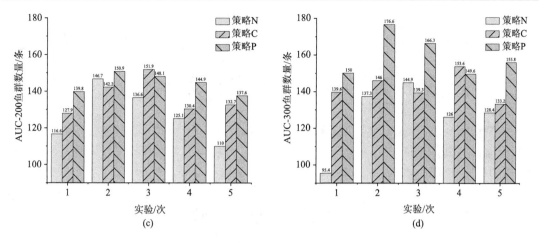

图 7.17　3 种策略 AUC 对比柱状图

　　本案例对鱼群行为模型进行构建，提出 3 种捕食者目标选择策略并为其建模。3 种目标选择策略分别为选择最近个体、选择鱼群中心个体和选择最外围个体，并设定了 3 种描述鱼群的关键参数。以影响鱼群结构的程度为评判标准，开展了 3 类不同实验。首先，比较捕食者使用策略 P 与无捕食者条件下鱼群结构变化，分析得出群体尺寸变化曲线中高波峰对应捕食者攻击，低波峰对应于鱼群避障转向，并验证了捕食者存在会对鱼群结构产生较大影响；其次，在实验中对比了 3 种目标选择策略的优劣，得出策略 P 效果是最优的；最后，在实验中探究 3 种策略在 3 种不同数量规模鱼群中的表现，可见，在 200 条和 300条数量级鱼群中策略 P 仍是最优异的，在 100 条数量级鱼群中 3 种策略的表现差不多，原因在于小规模鱼群应对风险的能力不足，无法体现策略的优劣。

7.5　本章小结

　　本章详细描述了鱼群-捕食者模型，给出了 10 种不同的被捕食鱼群行为反应状态，使用有限状态机展现出所有行为之间的关联和转变。每种行为内部还有子行为之间的转变，本章给出了对应的伪代码供参考。最后给出了一种基于鱼群-捕食者模型实现的目标选择策略模型，其中包含鱼群-捕食者模型中的几种行为，以捕食者目标选择策略为因变量，观察不同规模鱼群下捕食者采样不同的目标选择策略时的表现，分析了根据几个鱼群特征来判定目标选择策略的优劣。

第8章　人工智能鱼案例设计与分析

本章详细介绍 4 个人工智能鱼案例，结合前面几章所介绍的人工智能鱼相关知识，给出每个案例的具体设计、关键代码与案例效果等，并将人工智能鱼相关知识融入具体的应用场景中进行分析与实现。

8.1　基于"弹簧-质点"模型的鱼类游泳动作行为仿真

8.1.1　案例介绍

虚拟的海洋环境中生活着各种各样的鱼，它们自由自在地漫游在海洋中，这些鱼利用它们的肌肉和鱼鳍可以优雅地游过水草等障碍物，也可以在移动的水生植物和其他鱼类之间游动，并且会在饥饿的状态下去觅食。案例 Fish Table 将实现在虚拟海洋环境中鱼类漫游和觅食的动作行为仿真，将分别使用"弹簧-质点"模型构建三维柔性鱼体；使用位置、方向、视觉半径等信息模拟鱼的视觉感知，用于收集信息；通过预设生物习性模拟鱼类大脑，实现鱼类的行为和运动控制；最终在模拟的海洋环境中真实感地将其展现出来，并可以借助于缩放、旋转、切换场景、增减光照等操作，进一步观察整个鱼类行为动作的仿真细节和场景。

8.1.2　主要开发平台和技术

本案例使用 Visual Studio 编写 C++项目，使用 C++可以保证仿真渲染时的运算速度。开发时使用 OpenGL 标准库语言与 Windows GUI 窗口程序的相关库文件，用于可视化界面和场景的实现。

8.1.3　案例的总结构图

本程序主要分为两个部分：海洋环境模拟部分与鱼类建模仿真部分，该案例的总体功能与各功能所涉及的原理模块如图 8.1 所示。

8.1.4　海洋环境的设计与实现

模拟鱼类在海洋环境中的行为最先需要做的是模拟出鱼类的海洋环境，而一个海洋环境又由许多部分组成。接下来，本节就按顺序逐步构建一个仿真的海洋环境。

1. 海床地形的实现

海底地形错综复杂，若全盘模拟的话工作量将会十分庞大，且效果不尽如人意。所以考虑到工作量，本程序使用建模软件，以网格的方式随机构建了一块地形，并导出地形数据、纹理数据，使用时由 OpenGL 从程序中读取这些地形数据。

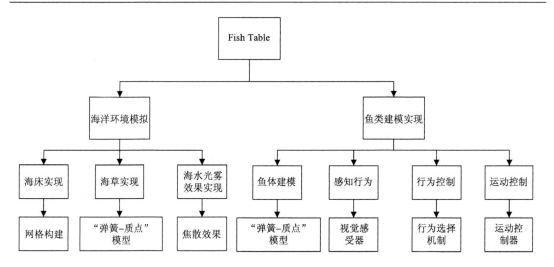

图 8.1　总体功能与所涉及原理模块

海床部分代码详见文件 seabed.cpp（附录素材 8.1）。部分重要代码如下：

```cpp
void compute_floornormals()
{
int i,j;
vector v1,v2,v3,v4,n;
float l;
for (i=0; i<gridsize; i++)
for (j=0; j<gridsize; j++)
    vzeroize(floornormals[i][j]);
for (i=0; i<gridsize-1; i++)
for (j=0; j<gridsize-1; j++)
{
    v1.x = FloorArray[i][j].v[0];
    v1.y = FloorArray[i][j].v[1];
    v1.z = FloorArray[i][j].v[2];
    v2.x = FloorArray[i+1][j].v[0];
    v2.y = FloorArray[i+1][j].v[1];
    v2.z = FloorArray[i+1][j].v[2];
    v3.x = FloorArray[i+1][j+1].v[0];
    v3.y = FloorArray[i+1][j+1].v[1];
    v3.z = FloorArray[i+1][j+1].v[2];
    v4.x = FloorArray[i][j+1].v[0];
    v4.y = FloorArray[i][j+1].v[1];
    v4.z = FloorArray[i][j+1].v[2];
    n = compute_quad_normal(v1,v2,v3,v4);
    vplus(n,floornormals[i][j],floornormals[i][j] );
    vplus(n,floornormals[i+1][j],floornormals[i+1][j] );
    vplus(n,floornormals[i+1][j+1],floornormals[i+1][j+1] );
```

```
        vplus(n,floornormals[i][j+1],floornormals[i][j+1] );
    }
    for (i=0; i<gridsize; i++)
    for (j=0; j<gridsize; j++)
    {
        l = vlength(floornormals[i][j]);
        if (l>0.0001)
        vscale(1.0f/l,floornormals[i][j],floornormals[i][j]);
    }
}
```

2. 水草的实现

海洋环境中不只有鱼类，还会有水草、沙砾、礁石等物体。摇曳的水草仿真运用了"弹簧-质点"模型，由于水草本身的结构简单，所以只需将其制作成链条状便能够实现水草的动态效果。

水草的大部分运动情况与水动力相关，剩下少部分与鱼的接近相关，比如，在鱼类接近水草时，水草会出现摇摆或打结现象。水草的受力情况可通过编写节点的运动计算程序实现。基于"弹簧-质点"模型的水草动态效果如图 8.2 所示。水草建模完成后，只需在其表面上着色即可。

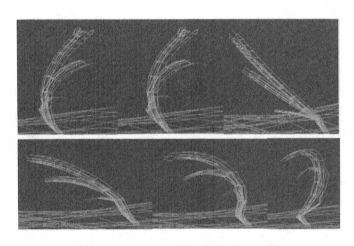

图 8.2　基于"弹簧-质点"模型的水草动态效果

水草部分代码详见文件 weed.cpp。部分重要代码(水草的节点位置计算)如下。

```
void calculate_weed_knot_positions(int weed_i)
{
    int j;
    double alpha, l;
    vector dir, temp;
    weeds[weed_i].knots[0].position = weeds[weed_i].root;
    alpha = 4.5*Pi*(double)weed_i/NWEEDS;
```

```
dir.x = sin(alpha);
dir.y = cos(alpha);
dir.z = 1.0;
vnormalize(dir);
for (j=1; j<weeds[weed_i].Nknots; j++) {
  l = (j-5>0)?(double)j-4.0 : 1.0;
  weeds[weed_i].sec_len[j-1] = UNITLENGTH/sqrt(l);
  vscale(weeds[weed_i].sec_len[j-1], dir, temp);
  vplus(weeds[weed_i].knots[j-1].position, temp,
  weeds[weed_i].knots[j].position);
  }
}
```

3. 海洋环境的光雾特效模拟

海洋环境有其特殊的光照效果，比如光效的反射、折射、散射、焦散等，还需要模拟水下光雾特效，这对于增加环境的真实感有很大的帮助。水下图像一般会有由于光线吸收而产生颜色偏差，光线前向散射使得细节模糊和光线后向散射使得低对比度等特点。

这里对于海洋场景内的所有模型统一配置真实感光效，编写了相关的程序文件用来控制。同时编写焦散效果体现特殊光效及雾效，以仿真海底低能见度，生成沉浸感效果。

海水环境模拟和焦散特殊光效的模拟详见 water_current.cpp 与 caustic.cpp 文件。部分重要代码如下。

```
// 海水环境模拟
void water_field(vector *pos, vector *field)
{
  int k;
  vector s;
  double r, fff;
  double Timer, sinwave;
  Timer = ((DT*NUM_ITER_PER_DISPLAY)/(DT_optimal*20))*Num_frame;
  sinwave = sin(Timer/150.0);
  vscale(sinwave*uniform_strength, uniform_current_dir, *field);
  for (k=5; k<NOBSTACS; k++) {
    s.x = pos->x - obstacs[k].base.x;
    s.y = pos->y - obstacs[k].base.y;
    s.z = 0;
    r = sqrt(s.x*s.x + s.y*s.y)-obstacs[k].RADIUS;
    if (r>obstacs[k].RADIUS || (pos->z>obstacs[k].HEIGHT+obstacs[k].base.z))
      fff = 0.0;
    else
      fff = source_strength[k]/Max(0.4, r*r);
    vscale(fff, s, s);
```

```
        vinc(s, *field);
    }
```

8.1.5　虚拟鱼的具体设计与仿真

1. 基于"弹簧-质点"模型的鱼体建模

如果要实现虚拟鱼体，需要自内而外地进行制作，就像真实的生物一样，骨骼、肌肉系统是内在框架，支撑、限制外观的形状。肌肉骨骼模型是提供虚拟鱼运动能力的核心所在，是完全体现运动系统的功能模型。鱼类肌肉组织主要分布在体侧，这意味着主要控制运动的部位也需要设计在鱼体两侧位置。将真实鱼体组织进行提取概括，简化为由肌肉、骨骼组成，基于"弹簧-质点"模型的鱼类三维结构如图 8.3 所示。

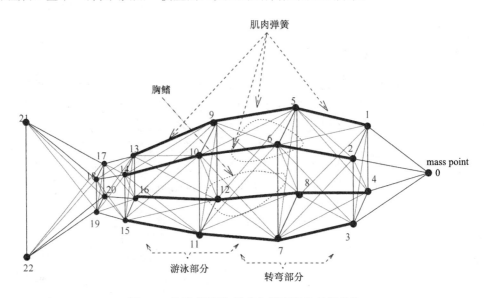

图 8.3　基于"弹簧-质点"模型的鱼骨架结构

该模型是第 2 章中所介绍的"弹簧-质点"模型的典型案例，包括 23 个关键质点，91 根弹簧-质点元件，以及外围的 12 根可形变肌肉弹簧元件(如图 8.3 中的加粗线条)，整体设计符合常见鱼类的流线型身体结构。

肌肉骨架生物力学模型只是虚拟鱼外观模型中的最底层设计，它是内核模型与外观模型的紧密接口，使用这种肌肉骨架并进行相应的适配是可以涵盖大部分海洋鱼类的。当然，海鱼的外形千奇百怪，有着很复杂的多样性，当聚焦到某一种鱼类上时，不得不依据其真实的样子为它设计一种对应的三维几何外形。这种几何外壳，也就是其几何形状网。图 8.4 所示是其中一种常见鱼的网格外观。然后对几何形状网格模型进行填充和平滑处理，最后用对应皮肤进行纹理贴图，得到如图 8.5 所示的鱼体外观模型。

鱼体外形建模和贴图的代码详见 surface.cpp 文件。基于"弹簧-质点"模型，本章制作了 9 种不同形态的鱼体三维结构，仿真结果如图 8.6 所示。

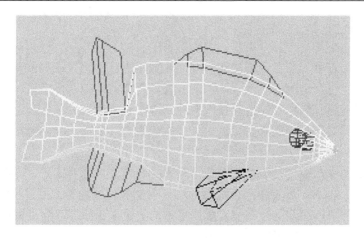

图 8.4　鱼的几何形状网格模型

图 8.5　虚拟鱼纹理贴图效果

图 8.6　基于"弹簧-质点"模型的鱼体三维结构仿真

2. 鱼类感知功能的实现

在虚拟海洋环境中，存在着不同的情况，比如，光照的强度、海水温度、海流状态等环境因素，捕食者与食物的出现及同伴的现身等，都会对虚拟鱼产生影响。为了让个体虚拟鱼在活动过程中随时依据感知情况做出反应，虚拟鱼必须首先获取到这种情况，即需要让虚拟鱼通过感受器获取到这些信息。对于虚拟鱼来说，主要感受器包括视觉感受器与体侧感受器。

在所有感受器中，视觉是鱼类获取信息最多、最直观的感觉之一，鱼类的视觉范围比人类宽阔得多，大约300°。在鱼可视区内的物体都能被鱼观测到，而盲区内的物体则会被鱼的视觉感受器忽略。在实验程序中给虚拟鱼结构体定义了一个双浮点型变量 View_radii，这个变量专门用来存放鱼的可视半径；另外用一个整型变量 seen 作为一个可见性标记量，表明质点(食物或者其他物体)是否被"见到"。目标物与虚拟鱼本身位置需要计算距离与角度。此外，根据鱼的生理属性，还需要设计一些其他可用的感知欲望、感知距离量；扁平鱼类的视野更宽，还可以适当加强其可视范围。这些量在后续的实现中会用于感知判断。

鱼的感知功能实现代码详见 controller.cpp 文件。部分重要代码如下。

```cpp
void compute_dist(int index, int No_Nbr, int Multi, int N_Section,
                  int n_in, vector *C)
{
  int i, k, j;
  double w[100];
  vector temp;
  double l;
  k = nbr_fish[index][No_Nbr];
  for (i=0; i<num_section; i++) {
    for (j=0; j<Multi; j++) {
      w[i*Multi+j] = (double)j/Multi*(W[i+1]-W[i]) + W[i];
    }
  }
  w[N_Section] = W[num_section];
  dist_fish[index][No_Nbr] = 0.0;
  for (i=0; i<=N_Section; i++) {
    vminus(C[i], fishes[index].nodes[0].position, temp);
    l = vlength(temp);
    dist_fish[index][No_Nbr] += l*inside[index][No_Nbr][i]*w[i];
  }
  dist_fish[index][No_Nbr] = (dist_fish[index][No_Nbr]/((double)n_
          in*fishes[k].scale)-PARAM1*n_in)/(fishes[k].scale);
}
```

3. 鱼类行为系统的实现

行为是鱼个体面对不同情况下做出的反应，它需要集合鱼个体属性和鱼当前时间下获得的感知数据综合考虑来得到。从宏观层面来说，所有的行为都是由上级的意愿引发的，意愿是脑器官综合分析个体当前状况而产生的自我意识指令，比如，当鱼饥饿时，鱼脑会不断产生觅食的愿望；当鱼看到前方有同伴时，鱼脑会产生避让的愿望；等等。但是仅仅这样描述就显得非常线性与粗略，如果生物体只会对一种情况产生固定的单一反应，那世界将会是非常机械的。

人工智能鱼会根据鱼类行为习性特征与个性化的预设数据建立行为选择机制，由模拟的感知器产生每一个意愿强度，然后对意愿进行评判和分级，产生最终决定的"意愿细节"，进而指导鱼类的行为系统。在具体的实现中，便是将其行为对应一些具体的函数，并通过这些函数控制鱼的行为。

鱼的行为系统及函数控制的实现代码详见 controller.cpp 文件，其行为对应的一些重要函数如表 8.1 所示。

表 8.1　鱼类行为系统及控制的重要函数对应表

函数名	功能简介
save_info	出现碰撞威胁时存储意图信息
food_seen	用于预先标记食物
which_is_myfood	基于最近原则确定自己的食物
food_seeking	接受感知数据，处理控制虚拟鱼向食物的运动
avoid_mates_in_advance	提前避开同伴鱼
in_box	检测是否靠近其他的鱼
Controller	涉及鱼的各种行为的判断与驱动，决定游动模式

4. 鱼类运动系统的实现

根据总体架构图，运动系统是虚拟鱼内核模型中的最底层系统，虚拟鱼的运动控制器在接收到行为层的输入数据之后，就能通过控制器连接操纵虚拟鱼的运动情况。本章程序中设定了一个数组数据结构 swimPAT[]，数组中每一个元素用下标对应一条虚拟鱼，元素本身存放鱼的游动模式，即控制这条虚拟鱼的运动模式，包括巡行、左转、右转等。从上层收取的数据转化为一个索引数，传入控制器，匹配可以访问对应的虚拟鱼。通过访问得知虚拟鱼的游动状态，再引发肌肉形变，产生不同的运动，运动控制器有 $r0$、$r1$、$r2$、$c0$、$c1$、$c2$、$c3$ 等多个参数，通过这些量对运动过程进行一些数据修正与判定，从而控制鱼体运动状态。鱼的运动系统及控制的实现代码详见 controller.cpp 文件。

5. 仿真效果

本案例基于"弹簧-质点"模型制作了多种不同形态的鱼，仿真了其各自漫游动作行为和觅食动作行为。程序最终仿真结果如图 8.7 所示。

图 8.7　程序最终仿真结果

8.2　南非拟沙丁鱼群洄游仿真

8.2.1　案例介绍

南非拟沙丁鱼群洄游的仿真是以鱼群行为仿生学为指导，借助计算机软件算法和三维可视化技术，研究和模拟鱼群相关行为，以此了解鱼群行为习性的内在机制，探索海洋生命和虚拟现实技术相结合的应用场景。本案例以沙丁鱼群洄游仿真为抓手，主要对沙丁鱼群洄游现象的形成过程和洄游过程中鱼群之间的行为模式进行仿真，为计算机学科与自然生命学科的交叉研究提供新的思路和方向，从而探索人工智能及人工生命在鱼群行为学中的应用。

8.2.2　主要开发平台和技术

本案例基于鱼类群体行为学理论，包括鱼类感知能力、鱼群群体行为、鱼群逃逸行为中的喷泉效应等，开发过程中用到的主要开发技术有：利用 3DS Max 平台创建三维鱼类模型和设计骨骼映射动画；利用 Unity 3D 平台搭建整个系统的开发框架；利用 C#语言编程实现相关算法等。其中最关键的技术为沙丁鱼群行为模拟实现，包括鱼群集群实现、鱼群迁徙实现、鱼群面对捕食者的逃逸行为实现等。

8.2.3　沙丁鱼群洄游的仿真与实现

1. 海场景构建

海底作为鱼的生存环境，首先需要构建地形及环境。地形有多种构建方式，可以使用 Unity 引擎含有的地形绘制工具 Terrain 自行绘制，也可以选择第三方地图插件自动生成。例如，Bingmaps 研发的 WorldComposer 组件，使用邮箱自行注册 Bing 账号后，在 mycount 里面找到 newkey，填资料就可以生成 key，下载插件 wordcomposer 和 terrinsomposer 两个插件，在 Unity 中打开新的工程，在 asset 中 import package，选择 custom package，导入之后在 Windows 工具栏中找到 wordcompose 插件，单击之后就可运行。此时界面还是未启用状态，需要使用申请的 key 值激活，在左边的 key 输入栏中键入申请的 key，刷新后就可以看到生成的地形了。

　　当然，简单的地形可以使用 Unity 中含有的 Terrain 类自行构建。在 Unity 3D 中，除了使用高度图来创建地形外，还可以使用内置的地形笔刷，用来绘制地形。Unity 3D 为游戏开发者提供了强大的地形编辑器，通过菜单中的 GameObject 下 3D Object 新建 Terrain 对象，即可为场景创建一个地形对象。初始的地表只有一个巨大的平面，Unity 3D 提供了一些工具，可以用来创建很多地表元素，开发者可以通过地形编辑器来轻松实现地形及植被的添加，之后加入水面即可完成整体环境的开发工作。

　　目前，在地形方面 Terrain 已经成为了 Unity 开发的主流地形，其好处是，可以控制地质的颜色，通过参数控制地形大小，并可以无缝衔接。目前 2019 版本以上的 Unity 已经支持地形嵌套，分模块生成不同的地形块，并且无缝衔接。Terrain 工具界面如图 8.8 所示。除此之外还将介绍该工具类的具体参数，以方便读者在创作地形时进行参考。

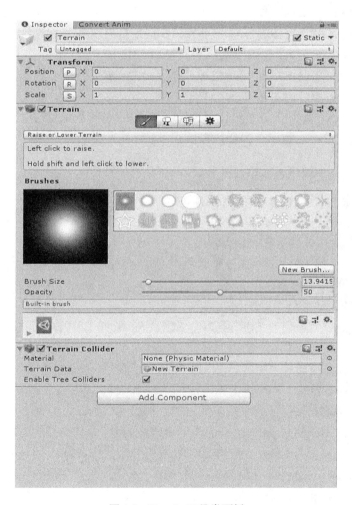

图 8.8　Terrain 工具类面板

以下为创作地形时可能需要用到的参数。

Base Terrain：基本地形设置。

Draw：是否显示该地形。

Pixel Error：贴图和地形之间的准确度，值越高越不准，但系统负担越小。

Pixel Map Dist：在多少距离以外地形贴图将自动转为较低分辨率（以提高贴图效率）。

Cast Shadow：是否投射阴影（如果是很平的地形可以不投射阴影）。

Material：地形使用的材质类型。

Reflection Probes：地形是否会被反射所计算（即是不是能出现在反射贴图里）。

Thickness：在发生碰撞时，该地形向-y 方向延伸的厚度（用来防止高速物体穿过较薄的地形）。

Tree & Detail Objects：树和细节物体。

Detail Distance：在多少米视距范围内显示细节物体。

Collect Detail Patches：收集细节小块。

Detail Density：细节物体的密度（1 单位面积内最多出现多少个细节物体）。

Tree Distance：在多少米视距范围内显示 Tree 物体。

Billboard Start：多少米以外 Tree 物体开始显示为一张贴图。

Fade Length：从多少米以外 Tree 物体开始被逐渐替换成贴图。

Max Mesh Trees：场景中最多出现多少棵多边形树（也就是说超过这个数量的树不论距离摄影机的距离有没有达到标准都会被替换成一张贴图），若这个值太小的话，"跳帧"现象会非常明显。

Wind Settings for Grass：风和草的设定。

Speed：风速，风速越快，草的摆动越大。

Size：草物体的基础大小。

Bending：草物体被风吹弯的最大程度。

Grass Tint：对草物体统一添加一个颜色，通常会设置为与地面颜色接近的颜色。

Resolution：地形分辨率。

Terrain Width：地形最大宽度(m)。

Terrain Length：地形最大长度(m)，所以默认 500×500 就是 500m×500m，即 $1/4 (km)^2$ 区域范围。

Terrain Height：地形最大高度(m)，这个值决定了能够刷出的最高的地形高度。

Heightmap Resolution：刷出来的高差图的分辨率，513 代表一个像素值控制大概 1m 区域的地貌。由于笔刷是按照像素来规定大小的，如果在一个较低的 Heightmap Resolution，刷好地面以后修改 Heightmap Resolution 为一个较高的值，会使刷好的范围变成一个角落里的一小块地形。所以千万不要刷到一半的时候再去修改这个数值。

Control Texture Resolution：控制贴图的分辨率，所谓控制贴图是说控制各层贴图的"透明通道"的分辨率，比如，基层贴图是泥土，上层贴图是草地，那么草地贴图本身是完全覆盖的，但可以通过一个"控制贴图"的灰度来决定每个点草地贴图与泥土贴图如何融合。

Base Texture Resolution：对于很远处的地形，Unity 3D 会切换成显示一个自动创建好的"融合"了各层贴图效果的 Basemap，这样比计算多层贴图融合要高效很多。这个参数就是用于设置这个 Basemap 的分辨率的。

Heightmap：这里可以导入 RAW 图像作为 heightmap 使用，或者将当前的 heightmap 导出成 RAW 图像。可以从地理数据库中获得真实的某一地区的地形高差图，也可以利用第三方工具（如 Bryce）创建地形，然后将高差图导出给 Unity 3D 使用。

使用工具之后可以设计出海底地形，此时海洋环境就算搭建完毕了。海洋场景真实感环境效果如图 8.9 所示。随后可以开始实例化鱼类并且添加鱼类的集群算法。另外，读者还可以在 Unity 的资源商店中直接下载效果较好的海洋环境对场景进行修改和完善。

图 8.9 海洋场景搭建效果图

2. 鱼群算法

将设计好沙丁鱼与鲨鱼的素材导入，确保动画也导入成功。之后新建脚本用于生成沙丁鱼群及鲨鱼，即将素材作为 Prefab 在程序运行时根据设定好的参数实例化出来。基于本书第 6 章中提到的鱼群运动行为理论知识，在本案例中将沙丁鱼群洄游模拟的算法分为 3 个阶段。

第 1 个阶段为集群阶段，沙丁鱼为典型的集群鱼类，其生长过程中一直保持与鱼群的联络和跟随，本阶段主要对个体沙丁鱼在鱼群中的行为做模拟，如保持跟随鱼群、转到其他鱼群、鱼群之间合并拆分等。第 2 阶段为迁徙阶段，主要模拟鱼群的环境感知、在环境变化下的迁徙选择，包括迁徙选择方向、路线。第 3 阶段为躲避捕食者阶段，主要模拟鱼群对捕食者的行为反应，包括 3 种行为：鱼群的逃逸状态、鱼群被冲散后的重新集群，以及逃逸过程中鱼群的迁徙选择等。这 3 种行为可以简化成向量的形式表达，即线性模型，每个定义向量与该向量自身权重的乘积决定了最终鱼类的速度。假设各向量的权重为 w_i（$i = 1, 2, 3, \cdots$），捕食向量、逃跑向量、同伴平均速度向量、往邻居鱼中间位置靠近的向量、保持距离的向量、个体随机运动的向量和生成器向量分别与各自对应的权重的乘积做向量和运算，从而决定 v 的速度（矢量），即速率、方向。例如，当遇到捕食者时（向量分别为逃跑、同伴平均、靠近邻居鱼、保持距离、个体随机等向量，其他向量简化为 0），其速度与向量如图 8.10 所示，该图清晰地反映出线性模型的效果。

图 8.10　被捕食者追逐时的逃逸速度和向量方向

3. 实例化鱼群

根据算法编写程序脚本后，挂载到场景的任一存在的物体上(可以新建空物体 GameObject 或者直接挂载于 Camera 物体上)便可以在指定处生成鱼群，同时可以将理论中一些向量参数根据实际需求调整。其中，鱼群与捕食者向量、与同伴的回避向量等关键向量是必不可少的，可以根据现实中沙丁鱼的游泳速度赋予其初始速度。

每一条个体鱼都要遵循 3 个规则(见 6.5.1 节)，所以以每一条个体鱼为单位。一个大团体鱼群可以分成若干个小团体，小团体的划分界限就是每一条个体鱼的视野范围。每一条鱼都会搜寻它的视野范围内(鱼的视野范围是 300° 左右)其他个体鱼的信息，这些信息包括它们的位置、朝向、速度及与自身的距离。统计这些信息的目的有 3 个：计算与自身的距离是为了加权求出分离程度，计算自身的位置是为了加权求出整体凝聚位置，计算鱼体的朝向是为了加权求出整体朝向。部分关键代码如下所示：

```
Vector3 sardineCenter = Vector3.zero;    //鱼群中心
Vector3 sardineVoid = Vector3.zero;       //鱼之间相互回避向量
Vector3 direction = Vector3.zero;
float gSpeed = 0.1f;                      //鱼群速度
Vector3 goalPos = globalFlockS.goalPos;
float dist;                               //距离
float fishAndEnemyDist = 0, fishAndEnemyDist2 = 0;  //鱼与捕食者距离
int groupSize = 0;                        //计算有多少鱼在范围中
Vector3 sardineEscape = Vector3.zero;     //鱼逃离捕食者的向量
```

在鱼类运动时，捕食者与同伴都是一直在运动的，因此在每一帧处都要计算该鱼的速度向量，通过计算各种向量参数的影响，实时反映出鱼类速度与方向的时刻变化，因此，最终才能体现鱼群状态的真实性。部分速度相关代码如下所示：

```
speed = gSpeed/groupSize;  //平均速度
sardineCenter = sardineCenter / groupSize + (goalPos - this.transform.position);
                          //平均目标方向

SetFishSpeed(speed);
```

```
direction = (sardineCenter + sardineVoid + sardineEscape) - transform.position;
                    //确定运动方向
if(direction != Vector3.zero)      //若需要改变方向{
transform.rotation=Quaternion.Slerp(transform.rotation,
Quaternion.LookRotation(direction), rotationSpeed * Time.deltaTime);
}
```

不过在实现这 3 个规则的时候,也可以使用其他的手段,例如,限制出一块区域(水箱),所有的个体都无法逃离这个限制的区域,然后在这个区域内加权计算影响的因素。当然这也可以理解成一道保险,当鱼群中的个体偏离轨道时,能够保障它返回鱼群内部。

4. 捕食者鲨鱼

在沙丁鱼洄游的路径上危险重重,像沙丁鱼这类处于食物链低端的鱼类通常使用集群洄游迁徙的方式,以避免全军覆没,即使小部分鱼被吃掉了,剩下的鱼还可以重新组成鱼群,继续洄游,从而减少伤亡,牺牲少数鱼保证大部队的顺利迁徙。而鲨鱼在路途中的捕食是沙丁鱼洄游中的天敌,这也是将鲨鱼置入的合理化原因。捕食者鲨鱼的实例化方式可以直接套用沙丁鱼的实例化方法,但是要在速度等参数上做出相应的调整。鲨鱼也有集群的行为倾向,但是不像沙丁鱼那样需要与同伴相邻较近,鲨鱼与同伴之间的相隔距离可以很远,也可以很近,只要在捕食沙丁鱼的时候没有产生碰撞即可。鲨鱼作为捕食者,只有在饥饿的时候才会进行捕食操作,因此给鲨鱼设置了一个饱食度的进度条,当鲨鱼吃饱的时候便会离开沙丁鱼群,因此沙丁鱼群可以避免全军覆没,沙丁鱼便可以按照原先的洄游路径继续前进了。当所有的鲨鱼都吃饱的时候,鲨鱼便会自动离开。

5. 仿真效果

最终沙丁鱼群洄游的仿真效果图如图 8.11 所示。可以观察到,一开始大规模沙丁鱼群有序洄游,并没有发生碰撞和混乱,即使群体游动散开,总体上,鱼群仍然保持一定方向上的洄游。在沙丁鱼群洄游过程中难免会碰到捕食者鲨鱼的追杀,捕食者追逐和捕食沙丁鱼群的效果图如图 8.12 所示。

图 8.11　沙丁鱼群洄游仿真效果

图 8.12　捕食者捕食的行为

沙丁鱼群在未遇到天敌的时候，初始呈群体聚集洄游状态，鱼群形态符合实际状态，可以达到比较真实的效果。当环境变化时，如遇到天敌鲨鱼的时候可以发现，沙丁鱼群被鲨鱼等捕食者所包围，但是此时的鱼群呈"喷泉效应"，随后再重新组成新的鱼群，这与现实中的鱼群十分相似，可见其真实度比较高。除此之外，鲨鱼的饱食度会随着对沙丁鱼群的进食而逐渐提升，如果捕食者达到饱食状态，鲨鱼则不再进行捕食，并自动游离，不再对沙丁鱼群构成危险，沙丁鱼群又会恢复正常的洄游状态。

8.3　基于机器鱼的水质 pH 值检测

8.3.1　案例介绍

仿生机器鱼属于水下机器人的范畴，如图 8.13 所示。它是目前人类探索海洋最重要的手段之一，可以利用它探测海洋生物资源、探测海洋水质指标等，备受国内外学者的关注。本案例的机器鱼进行二次开发嵌入程序，实现定制化的需求，比如，通过嵌入轻量化网络模型，可以在水下识别相应的物种。本节将介绍如何使用机器鱼检测水域环境特定位置的 pH 值。

图 8.13　仿生机器鱼所属的范畴

8.3.2 主要开发平台和技术

本案例中使用的机器鱼是 ROBOLAB-EDU 自主仿生机器鱼，这是一款博雅工道研制的机器鱼，借助于二次开发可以实现对水质 pH 值的检测。该机器鱼具有水下摄影、红外避障传感器（自主避障）、自搭载图像识别模块、根据遥控实现自主游动、通过 Wi-Fi 连接后台调试和烧录程序等主要功能，感兴趣的读者也可以选择其他具有类似功能的机器鱼来完成检测。

8.3.3 机器鱼的构造和功能

1. 一般机器鱼的内部构造

机器鱼的整个鱼体大概可以分为 4 个区域：感知区、行为区、动作区及学习指令区。
(1) 感知区：实际应用中的传感器，经常位于鱼的前视单元。
(2) 动作区：带动鱼体动作的电机、拉杆和齿轮，组成机器鱼的控制单元。
(3) 行为区：鱼的尾巴、头部、胸鳍和尾鳍等关节部件，用于鱼的游泳动作。
(4) 学习指令区：控制单元里的控制程序，这是控制鱼类摆动轨迹算法的编码。

机器鱼身体的基本结构如图 8.14 所示。常常将传感器安装于机器鱼的头部作为其前视单元，在机器鱼提前检测到障碍物时，及时利用前视单元传递信号给控制单元做出相应反应。将电机、拉杆和控制器件等安装在鱼的身体上，构成机器鱼的主体部分。机器鱼游动前行的动力则来自于尾鳍，尾鳍与鱼的主体部分有尾部链接和尾梗，根据仿生学所研究的摆动轨迹得出的相应算法，由控制单元指挥机械尾鳍运动，从而推动机器鱼前行。

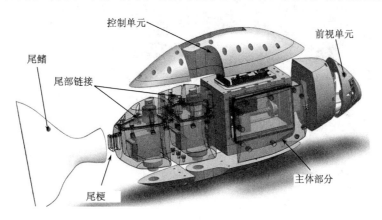

图 8.14 机器鱼身体的基本结构

2. 箱鲀式机器鱼的仿生设计

箱鲀又称盒子鱼，它长相奇特，就像一只古怪的小箱子，如图 8.15 所示。箱鲀由于身体表面皆为硬鳞，它的游泳能力较弱，但是能前后左右自如地游动，如同一架水下直升机，可以定点停留、原地打转、垂直爬升或向下俯冲等。本案例中使用的箱鲀式机器鱼就是受到了箱鲀鱼特征的启发。如图 8.16 所示是箱鲀式机器鱼的外观，它酷似实际的箱鲀鱼。

图 8.15　箱鲀　　　　　　　　　　　图 8.16　箱鲀式机器鱼

根据箱鲀鱼的外观和行为习性特征，结合一般机器鱼的构造和功能原理，设计仿生箱鲀式机器鱼，该机器鱼的内部构造及其分解后的具体功能模块如图 8.17 所示。

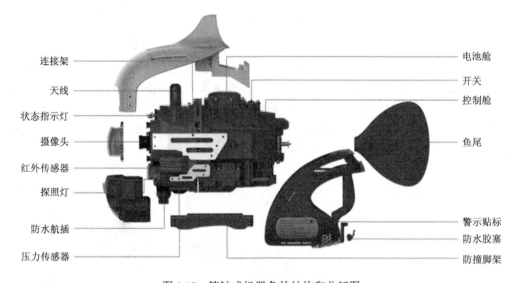

图 8.17　箱鲀式机器鱼的结构和分解图

8.3.4　水质 pH 值检测

1. 水质检测介绍

机器鱼在水池中按照设计的搜索策略进行搜索，定义目标球为水质检测所在位置，其他颜色球为干扰物；通过自身搭载的摄像头，识别到紫色目标物之后，进行拍照取证；随后，通过自身搭载的水质 pH 检测传感器，检测该位置的水质 pH 值，如图 8.18 所示。pH 值检测传感器通过机器鱼的外设航插接入机器鱼控制系统，并通过 Wi-Fi 通信，可将所检测的 pH 值上传到上位机；在上位机的控制界面，显示出所检测的 pH 值。水的 pH 值也是在实际生活中检测水质常用的重要评判指标之一，掌握了 pH 值的测试方法，也可以用类似的方法得到水的其他指标。

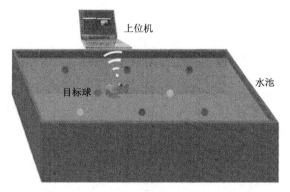

图 8.18　水质 pH 值检测示意图

2. 传感器安装

拆除 ROBOLAB-EDU 自主仿生机器鱼底部的支架，也就是防撞脚架；将传感器底板固定在机器鱼上，传感器连接 EDU 的航插口；最后检查设备防水性。防水性检查是必不可少也不能粗心的环节，一旦进水短路，主板报废后机器鱼也将失去它的功能。开机后看到指示灯红绿闪烁就可以安全地让机器鱼下水了。

3. 水质数据读取

首先开机确保航插口连接无误，然后启动机器鱼，使用对应的 EDU 程序读取传感器的值；将读取的水质数据显示在上位机，便可以使用得到的数据，对水环境做出一定分析。

4. 主要程序调试

程序分为两个部分，第 1 部分是主函数 main.c 函数，第 2 部分是 demo.c 测试函数。在 EDU 执行检测程序之前，需要将调试模式打开，调试 EDU 在水里面的平衡位置。在 main.c 函数中，找到几个参数的位置，找到 BalanceTxetFlag 变量将其改为 1（0 表示出厂测试标志位，1 是测试程序）。然后将 Jlink 仿真器通过下载线与 EDU 连接，程序编译烧录完后，将 EDU 放入水中，发现 EDU 静置在水中，即进入调试模式（运行测试程序）。此时通过观察 EDU 在水里面的姿态来调整 EDU 俯仰和横滚的舵机中值，即对应变量中的 Roll_MID 和 UpDown_MID 参数。需要多次调整这两个参数，使 EDU 在水中静置时保持鱼身有一个正的姿态。当调整完舵机中值之后，再把 BalanceTxetFlag 改回原来的"0"，然后可以开始测试 EDU 执行 pH 值检测任务的效果。

5. 程序主要代码

本案例的部分主要代码如下所示：

```
void Under _water_Control(ul6 deep){
if ((UnderwaterFlag = 1)&&(Eirat_PutIn 1)){
    OpenDeepControl = 1;
    if (UnderwaterDelay < 299){
        UnderWaterDelay++;
```

```
        g_Speed = 100;
        g_DeepSet = deep;
        g_Direction = Sail_Control(ImuYaw,0);
    }
    else if((UnderWaterDelay >= 299)&&(UnderWaterDelay < 599){
        LIGHT = 1000;
        UnderWaterDealy++;
        g_Direction = OFFSETANGLE+12;
    }
    else if((UnderWaterDelay >= 599)&&(UnderWaterDelay < 899){
        LIGHT = 0;
        UnderWaterDealy++;
        g_Direction = OFFSETANGLE-15;
    }
    else{
        g_Speed = 80;
        g_DeepSet = DEEPCNTRL;
        Start_Color_Data(COLOR1);
        SeekBallFlag = 1;
        UnderWaterFlag = 0;
    }
    }
}
```

8.4 AIFish——面向动态识别的人工智能鱼设计

8.4.1 案例介绍

随着人工智能和识别技术的不断发展,市面上出现许多识物的软件或者功能,例如:人脸识别、垃圾分类识别、植物的识别等。那么,识别技术又能和鱼类碰撞出什么样的"火花"呢?在本案例中将会实现一个鱼类动态识别的案例,分别使用 AR(增强现实)技术识别指定图片,使用深度学习中的 AlexNet 神经网络实现对多种鱼类的识别。在识别后可以相应地生成具有真实感的鱼类模型,还可以对其进行缩放旋转,并进一步观察,同时还会出现该鱼种的音视频及文字解说。

8.4.2 主要开发平台和技术

本案例中深度学习环境基于 Python 3.8 的 Pytorch 1.9 框架实现,通过 CUDA 11.1 进行加速运算训练网络,AR 环境基于 Vuforia for Unity 8.0.10 插件实现,使用 Unity 2018.3.5f1 引擎作为开发平台。

8.4.3 采用 Vuforia 插件实现 AR 识别

Vuforia 以它卓越表现已在世界各国吸引了超过 250 000 名注册用户,已形成一个全球

最大规模的 AR 生态系统，所以选择它作为实现增强现实的插件。除此之外，由于 Vuforia
印有免费版水印，读者也可以选择国产的 EazyAR，或使用谷歌公司开发的 ARCore 的增强
现实插件，可以参考开发文档实现增强现实功能的开发。

1. Vuforia 生成 AR 数据库

首先，使用 Vuforia 功能需注册账号，读者可以通过插件官方网站（https://developer.
vuforia.com/）注册账号。登录账号后选择 Develop 中的 License Manager 选项，单击 Get Basic，
之后按照步骤填写，便可以得到一串序列号（License Key），这个序列号会被填写在 Unity
中的 Vuforia 设置中。之后，选择 Target Manager，单击 Add Database 新建一个数据库，可
以在数据库中添加目标（Add Target），选择 Simple Image 上传一张需要识别的鱼类图片，界
面如图 8.19 所示。Width 填写为 1 即可，添加后可以发现图片会被赋予数个星星，星星越
多代表越容易识别。因此在寻找图片的时候，需要注意图片中的目标是否色彩鲜明，越鲜
明越易于被 Vuforia 识别。操作完以上步骤后，只要选择 Download Database，下载 Unity
包（Unity Package）文件并保存到指定路径即可。在使用时需将该文件拖入 Unity 资源窗口即
可实现资源导入。

图 8.19　添加目标的菜单界面

2. Unity 引擎载入 Vuforia 插件

首先，需要安装 Vuforia 插件。一般有以下两种方法。

（1）在 Vuforia 官方网址下载 Vuforia for Unity 的插件，打开 Unity 新建 3D 项目工程，

并且将插件拖入资源窗口处，即可导入下载后的 Vuforia 插件。

（2）在安装 Unity 2017.3 及后续版本时，直接在 Unity 安装程序中的 Component 中选择 Vuforia 插件一起安装。

安装插件后，可以确认插件是否安装准确，查看菜单栏中 GameObject，寻找是否存在 Vuforia，若不存在则需要将插件重新载入 Unity。之后在 Vuforia 的二级菜单中选择 ARCamera，引擎会自动导入所需素材。此时会发现在工程文件中生成数个数据文件，并在场景中生成 ARCamera 物体，用来检测待识别的图片。选中场景中的 ARCamera，在右边的 Inspector 下发现 Vuforia Behaviour 有警告，且是灰色无法操作状态，此时打开 File-Build Settings 进行平台选择切换，确定开发的应用平台，如安卓、苹果或者其他。然后配置 Player Setting 下的 XR Setting，勾选选项使得项目具备 Vuforia Augmented Reality 功能，这时之前的 Vuforia Behaviour 警告就没了，可以正常操作。回到 Unity 中，单击 ARCamera 检视面板 Inspector 下的 Vuforia Behaviour 上的 Open VuforiaConfiguration，把注册时得到的 License Key 粘贴到 App License Key 输入框中。到此插件配置完成，如图 8.20 所示。

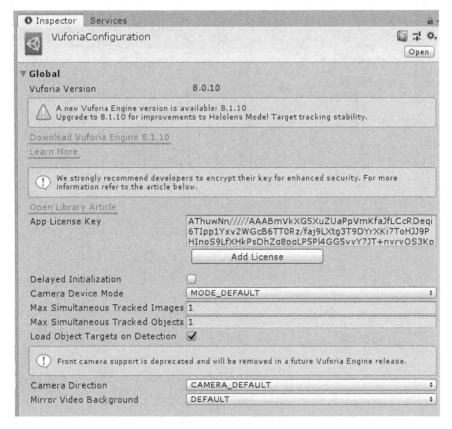

图 8.20　填写 Vuforia 序列号菜单界面

3. 导入 AR 数据库

直接将 AR 数据库拖入 Unity 中工程文件的视图窗口即可导入。在该版本中，如果该数据库后来被使用会被插件自动激活，不用手动激活导入的数据库项目。然后，在 Unity 中新建 Vuforia 下的 Image 物体，可以看到该物体携带 Image Target Behaviour 脚本。选择 Type 为 Predefined 模式，Database 选择导入的 AR 数据库名称，Image Target 表示对应数据库中的哪一张图片，如"green_turtle"，如图 8.21 所示。

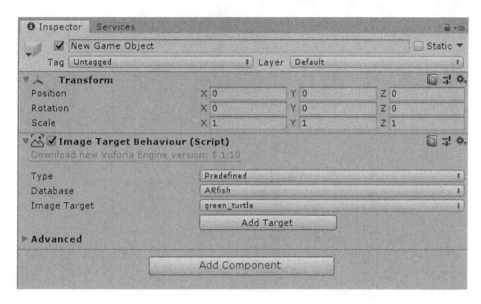

图 8.21　激活 AR 数据库选项界面

4. 实例化对应模型

实例化对应模型的步骤如下。

（1）新建 Mytrackableeventhandler.cs 脚本赋给 Image Target 物体，该脚本调用 Static 中的函数，实现对鱼类模型的实例化。

（2）新建 Static.cs 脚本，该脚本为本案例中的复用函数。

（3）在上述步骤完成后，在 Inspector 面板上会出现第 1 个脚本的名称。然后通过可视化操作选择参数，根据数据库中选择的鱼类图片名称，将素材中的鱼类预制体拖入 fish_preb 参数中，然后单击 Unity 的运行按钮，即可以实现对数据库中指定图片的识别并且生成相应的鱼类模型。

5. AR 识别效果

根据偏好使用 UGUI（Unity 官方 UI 实现工具）生成文字框进行鱼类介绍，并同时播放音频，完成 AR 识别的功能。最后，单击运行按钮，对数据库中的图片进行扫描，即可出现相应鱼类的建模及解说介绍。利用相关脚本也可以进行缩放旋转等操作，有兴趣的读者可以根据自己的需求添加相关的功能。图 8.22 所示是对角镰鱼和小丑鱼的 AR 动态识别效果。

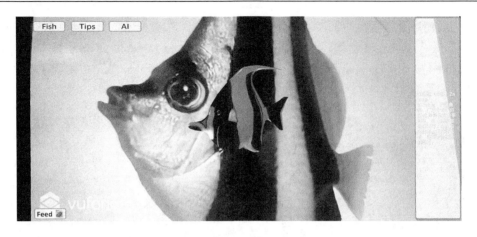

(a)角镰鱼 AR 动态识别效果

(b)小丑鱼 AR 动态识别效果

图 8.22　AR 识别效果

8.4.4　基于 AlexNet 网络对鱼类的识别

1. AlexNet 神经网络

AlexNet 是 2012 年由 ImageNet 竞赛冠军获得者 Hinton 和他的学生 Alex Krizhevsky 设计的, 也是在那年之后, 更多的深度神经网络被提出, 比如优秀的 VGG、GoogLeNet 等。这对于传统的机器学习分类算法而言, 已经相当出色了。AlexNet 一共有 8 层, 前 5 层是卷积层, 接着是全连接层, 前两个卷积层和第 5 个卷积层有 pool 池化层, 其他两个卷积层没有池化层。

2. 使用 PyTorch 搭建 AlexNet

首先需要确认安装本系统在运行时用到的运行环境及第三方库的版本表，如表 8.2 所示。如果版本号不一致或运行环境不一致，系统可能抛出异常。因此保证版本及环境的一致性十分重要。

表 8.2　运行环境及对应版本表

名称	版本
Python	3.8
Pandas	1.0.3
PyTorch	1.9.0
CUDA	11.1
Numpy	1.11.1
matplotlib	3.0.0

PyTorch 作为深度学习开发平台，提供很高的灵活性和速度。PyTorch 是 Torch 7 团队开发的。Torch 是一个开源科学计算框架，可以追溯到 2002 年美国纽约大学的项目。Torch 的核心在于在构建深度神经网络及其优化和训练，为图像、语音、视频处理及大规模机器学习问题提供快速高效的计算方案。为了追求更高的速度、灵活性和扩展性，Torch 采用 Lua 作为它的开发语言，但是 Lua 语言的受众范围相对较小。为了满足当今业界 Python 先行（Python First）的原则，PyTorch 应运而生，并由 Facebook（现已更名为 Meta）人工智能研究员（Fair）于 2017 年在 GitHub 上开源。顾名思义，PyTorch 使用 Python 作为开发语言，近年来和 tensorflow、keras、caffe 等热门框架一起，成为深度学习开发的主流平台之一。

环境安装后，按照 AlexNet 网络结构示意图，通过 PyTorch 框架搭建 AlexNet 网络，定义 AlexNet 类传入 torch 模块作为参数,在类初始方法中使用 Sequetial 有序容器定义每一层，然后在每层中加入相应的卷积层、池化层和激活函数，并且通过参数来控制每层的输入规则，就可以的模块化的方式搭建 AlexNet 网络。其他深度学习网络也可以按照类似流程创建。当初始化方法结束后，需要定义一个前向传播函数 forward 控制层的传播顺序。相关代码如下：

```
import torch
from config import out_len
class AlexNet(torch.nn.Module):
    def _init_(self, ):
        super(AlexNet, self)._init_()
        self.conv1 = torch.nn.Sequential(
            torch.nn.Conv2d(3, 96, 11, 4, 0),
            torch.nn.ReLU(),
            torch.nn.MaxPool2d(3, 2)
        )
        self.conv2 = torch.nn.Sequential(
```

```
            torch.nn.Conv2d(96, 256, 5, 1, 2),
            torch.nn.ReLU(),
            torch.nn.MaxPool2d(3, 2)
        )
        self.conv3 = torch.nn.Sequential(
            torch.nn.Conv2d(256, 384, 3, 1, 1),
            torch.nn.ReLU(),
        )
        self.conv4 = torch.nn.Sequential(
            torch.nn.Conv2d(384, 384, 3, 1, 1),
            torch.nn.ReLU(),
        )
        self.conv5 = torch.nn.Sequential(
            torch.nn.Conv2d(384, 256, 3, 1, 1),
            torch.nn.ReLU(),
            torch.nn.MaxPool2d(3, 2)
        )
        self.dense = torch.nn.Sequential(
            torch.nn.Linear(9216, 4096),
            torch.nn.ReLU(),
            torch.nn.Dropout(0.5),
            torch.nn.Linear(4096, 4096),
            torch.nn.ReLU(),
            torch.nn.Dropout(0.5),
            torch.nn.Linear(4096, out_len)
        )
    def forward(self, x):
        conv1_out = self.conv1(x)
        conv2_out = self.conv2(conv1_out)
        conv3_out = self.conv3(conv2_out)
        conv4_out = self.conv4(conv3_out)
        conv5_out = self.conv5(conv4_out)
        res = conv5_out.view(conv5_out.size(0), -1)
        out = self.dense(res)
        return out
```

在开始训练之前，网络对输入图片有格式要求，需要四维的 RGB 三通道，且大小为 227×227 像素的图片输入。由于数据集图片是不规则的，在传入图片前需要对图片进行预处理，包括裁剪至合适大小及归一化。在本案例中实现 resize 函数将图片调整到长 227 像素、宽 227 像素，以供神经网络输入使用。除此之外，为了能够满足网络训练的要求，使用 ToTensor 将图片的像素范围从[0,255]变换到[0,1]，即归一化处理。在神经网络中归一化能够有效地提高最终训练结果的正确率。此时由于图片为三通道，通过 unsqueeze 函数扩大 batch 的维度，即从三维变为四维，具体代码详见 fish_recognition 文件夹中的 main.py。运行 main.py 中的 train 方法即可从指定文件夹中读取训练集图片并开始训练，并且保存最后训练出来的最优的网络权重，后端可以调用此权重识别用户传来的鱼类图片。训练完成后使用 test 方法可以进行准确率验证。

3. 使用 Django 搭建后端

使用 pip 安装 Django 后，可以通过命令 python -m django --version，查看 Django 是否安装成功。Django 是一个可以由 Python 实现的 Web 框架，采用 MTV 模型组装。由于利用 Python，所以效率较高。因此本案例也采用 Django 作为后端实现方案，配置全局环境变量后，可以在工程目录中打开终端，输入以下命令创建并管理 Web 项目。

新建一个 web 项目：

```
django-admin startproject pypol(项目名)
```

全局管理工具：

```
django-admin <command> [options]
```

创建一个具体应用：

```
python manage.py startapp classifier(应用名)
```

打开服务器(可自定义端口)：

```
python manage.py runserver
```

(1) 使用 django-admin startproject pypol 新建 Web 项目，可以发现生成了一些文件。pypol 是外层目录，名字可以更改。子文件夹中保存了相关代码和文件。其中，init.py 是一个由 pypol 定义为包的空文件；settings.py 用来部署和配置整个工程的配置文件；urls.py 是 URL 路由的声明文件；wsgi.py 是基于 WSGI 的 Web 服务器的配置文件。

(2) 使用 python manage.py startapp classifier 在服务器内建立一个新的应用，用来处理 Unity 客户端发来的图片流请求。在 views 模块中可以书写代码操作响应请求，由于本案例中使用图片的 Base64 格式发送 HTTP 请求，所以在 views 模块中需要将 Base64 格式转换成图片，然后使用之前训练好的较好的权值一起传入 AlexNet 网络，使用前向传播得出结果并且返回前端。其中功能的具体实现可以通过新建 classfier.py 实现函数功能，可以使 views 模块精简。最后需要在 urls.py 路由配置文件中配置该应用的路由，运行服务器后通过 IP 地址加后缀名称的方式可以向此应用进行 HTTP 请求。有时会出现访问对应网址但是却无法访问的问题，需要更改 Django 框架里的 setttings 中的 ALLOWED_HOSTS 的参数。为了防止黑客入侵，ALLOWED_HOSTS 列表只允许列表中的 IP 地址访问，当设置为 "*" 时，所有的网址都能访问 Django 项目。将服务器的 IP 地址加进去或者填写 "*" 表示允许所有，至此后端功能完成。接下来需要使用前端发送 HTTP 请求来激活识别的操作。

(3) 在 Unity 中通过调用手机相机权限，然后由用户拍摄获取图像。当用户按下操作键后，会即时对区域内拍摄的图像进行截图，并且转化为 Base64 格式向服务器发送 HTTP 请求。所以可以在项目文件中 ButtonController.cs 脚本中加入发送 HTTP 请求的代码。以下为前后端传输数据的关键代码。

```
private string post(string array){
    #region HttpWeb构造
    HttpWebRequest httpWeb = (HttpWebRequest)WebRequest.Create(url);
```

```
httpWeb.Timeout = 5000;
httpWeb.Method = "POST";
httpWeb.ContentType = "application/x-www-form-urlencoded";
#endregion
//构造post提交字段
string para = "head=" + HttpUtility.UrlEncode(array);
byte[] bytePara = Encoding.ASCII.GetBytes(para);
using (Stream reqStream = httpWeb.GetRequestStream()){
//提交数据
    reqStream.Write(bytePara, 0, para.Length);
}
//获取服务器返回值
HttpWebResponse httpWebResponse = (HttpWebResponse)httpWeb.GetResponse();
Stream stream = httpWebResponse.GetResponseStream();
StreamReader streamReader = new StreamReader(stream, Encoding.
                                GetEncoding("utf-8"));
string result = streamReader.ReadToEnd();   //获得返回值
stream.Close();
UnityEngine.Debug.Log(result);                    //将服务器返回值返回
return result;
}
```

　　服务器接收到 POST 的 HTTP 请求后会将 Base64 转换为图片格式,并且进行裁剪及归一化,再输送到使用训练好的最优权重 AlexNet 网络中进行识别类型,将结果返回。最后前端负责把返回值输出到用户操作界面,返回鱼类的分类结果。

8.4.5　基于深度学习的动态识别鱼类效果

　　本案例可以对多种海洋生物进行识别。如图 8.23 所示是基于 AlexNet 神经网络的深度学习,选择对海龟和狮子鱼进行动态识别的效果。经过验证可以发现,在一定数据集下能够保证较高的识别率,识别后的结果兼具影音功能、文字说明、交互操作,效果非常精彩。另外,在识别出对应鱼类后,退出扫描模式,然后单击 Fish 按钮,还可以生成相应的鱼类模型,并且支持缩放、旋转等交互操作,增强了科普的趣味效果。

(a) 对海龟的识别及动态视频介绍　　　　　　　　　　(b) 对狮子鱼的识别及动态视频介绍

图 8.23　基于深度学习的动态识别鱼类效果

　　本案例的软件可以在手机移动端和计算机端运行，在 Unity3D 软件中左上方选择 File 选项，然后选择 Building Settings，导出所需要的文件格式，可在不同的平台上运行。单击 Switch Platform 按钮，等待 Unity 完成资源的整理后使用 Build And Run 导出文件并保存即可。

8.5　本章小结

　　本章依据前面介绍的人工智能鱼相关知识，设计和实现了人工 4 个智能鱼案例，分别是：基于"弹簧-质点"模型的鱼类游泳行为仿真，南非拟沙丁鱼群洄游仿真，基于机器鱼的水质 pH 值检测，AIFish——面向动态识别的人工智能鱼设计。通过介绍 4 个案例的仿真过程和仿生结果，引导读者了解如何将人工智能鱼的理论知识融入具体的应用设计中，从而更好地学习和探索理论与实践相结合的人工智能鱼设计。

参 考 文 献

班晓娟，艾冬梅，曾广平，等，2004. 计算机动画角色的高级行为控制[J]. 北京科技大学学报，26(5)：556-559.

蔡自兴，徐光祐，2003. 人工智能及其应用[M]. 3 版. 北京：清华大学出版社.

戴光明，2004. 避障路径规划的算法研究[D]. 武汉：华中科技大学.

顾国昌，张国印，张汝波，1995. 基于网络的水下机器人自主导航仿真系统体系结构[J]. 应用科技，23(3)：6-11.

顾心雨，张忠，陈新军，等，2021. 水下仿生机器鱼（直翅真鲨机器鱼）：CN306704858S[P]. 2021-07-23 [2023-05-17].

郭强，2012. 基于改进的 A 星算法和 B 样条函数的仿生机器鱼路径规划研究[D]. 天津：天津大学.

黄冬梅，杨建，何盛琪，等，2018. 基于权重的改进 A* 算法航线规划研究[J]. 海洋信息，33(2)：16-22.

黄思浩，2014. 人工鱼的智能行为控制研究[D]. 上海：上海海洋大学.

孔祥洪，郑博文，黄小双，等，2022. 一种用于机器鱼水下三维粒子图像测速的图像处理方法：CN115170639A[P]. 2022-10-11[2023-05-17].

李荣华，刘播，2009. 微分方程数值解法[M]. 4 版. 北京：高等教育出版社.

李晓磊，2003. 一种新型的智能优化方法——人工鱼群算法[D]. 杭州：浙江大学.

李永成，张钹，1993. 基于拓扑法的多关节机械手无碰路径规划[J]. 软件学报，4(5)：11-16.

路甬祥，2004. 仿生学的意义与发展[J]. 科学中国人(4)：22-24.

宁淑荣，班晓娟，涂序彦，2007. 人工鱼"情+智"协调的"意图产生"与"行为控制"[J]. 自动化学报，33(8)：835-839.

涂晓媛，2001. 人工鱼——计算机动画的人工生命方法[M]. 北京：清华大学出版社.

王晓荣，王萌，李春贵，2010. 基于 AABB 包围盒的碰撞检测算法的研究[J]. 计算机工程与科学，32(4)：59-61.

吴崇浩，班晓娟，2008. 计算机动画中的虚拟角色路径规划研究[J]. 计算机应用，28(2)：315-318, 325.

袁红春，毛瑞，杨蒙召，2020. 基于改进 A* 算法的人工智能鱼路径规划研究[J]. 渔业现代化，47(3)：89-96.

张淑军，2007. 虚拟海洋环境中人工鱼的认知模型和行为控制研究[D]. 青岛：中国海洋大学.

张淑军，陈戈，陈勇，2008. 人工鱼高级行为规划和运动模型研究[J]. 系统仿真学报，20(13)：3420-3424.

赵建，2018. 循环水养殖游泳型鱼类精准投喂研究[D]. 杭州：浙江大学.

赵旭婷，李莹春，陈新军，等，2021. 机器鱼（仿生大青鲨）：CN306704861S[P]. 2021-07-23[2023-05-17].

郑芯瑜，陈新军，刘必林，等，2020. 一种工厂化养殖区多功能清洁仿生机器鱼：CN211252965U[P]. 2020-08-14[2023-05-17].

钟宇航，卢玲儿，刘子义，等，2020. 机器鱼：CN306019615S[P]. 2020-08-28[2023-5-17].

周应祺，2011. 应用鱼类行为学[M]. 北京：科学出版社.

周应祺，王军，钱卫国，等，2013. 鱼类集群行为的研究进展[J]. 上海海洋大学学报，22(5)：734-743.

ALBUS J S, 1975. A new approach to manipulator control: the cerebellar model articulation controller [J]. Transactions of the asme journal of dynamic systems, 97(3): 220-227.

AOKI I, 1982. A simulation study on the schooling mechanism in fish[J]. NIHON SUISAN GAKKAI SHI, 48(8): 1081-1088.

BREDER C, 1959. Studies on social grouping in fishes[J]. Bull. Amer. Mus. Nat. Hist. 117: 393-482.

FÄNGSTAM H. 1993. Individual downstream swimming speed during the natural molting period among young of Baltic salmon (Salmo salar) [J]. Canadian journal of zoology, 71(9): 1782-1786.

GRIMM V, 1999. Ten years of individual-based modelling in ecology: what have we learned and what could we learn in the future[J]. Ecological modelling, 115(2-3): 129-148.

HUTH A, WISSEL C, 1992. The simulation of the movement of fish schools[J]. Journal of theoretical biology, 156(3): 365-385.

IOANNOU C C, TOSH C R, NEVILLE L, et al, 2008. The confusion effect–from neural networks to reduced predation risk[J]. Behavioral ecology, 19(1): 126-130.

JESCHKE J M, TOLLRIAN R, 2007. Prey swarming: which predators become confused and why[J]. Animal behaviour, 74(3): 387-393.

KIM C M, SHIN M W, JEONG S M, et al, 2007. Real-time motion generating method for artificial fish[J]. Computer science and network security, 10(7): 52-61.

LANDA J T, 1998. Bioeconomics of schooling fishes: selfish fish, quasi-free riders, and other fishy tales[J]. Environmental biology of fishes, 53(4): 353-364.

LOZANO-PÉREZ T, WESLEY M A, 1979. An algorithm for planning collision-free paths among polyhedral obstacles[J]. Communications of the ACM, 22(10): 560-570.

MAGURRAN A E, 1990. The adaptive significance of schooling as an anti-predator defence in fish[C]. Annales zoologici fennici: 51-66.

MAGURRAN A E, PITCHER T J, 1987. Provenance, shoal size and the sociobiology of predator-evasion behaviour in minnow shoals[J]. Proceedings of the royal society of London. Series B. Biological sciences, 229(1257): 439-465.

MÜLLER M, STAM J, JAMES D, et al, 2008. Real time physics: class notes[M]. ACM SIGGRAPH 2008 classes. pp. 1-90.

PARAMO J, BERTRAND S, Villalobos H, et al, 2007. A three-dimensional approach to school typology using vertical scanning multibeam sonar[J]. Fisheries research, 84(2): 171-179.

PARR A E, 1927. A contribution to the theoretical analysis of the schooling behaviour of fishes[J]. Occ pap bingham oceanogr colln, 1: 1-32.

PARRISH J K, 1999. Using behavior and ecology to exploit schooling fishes[J]. Environmental biology of fishes, 55(1-2).

PARTRIDGE B L, JOHANSSON J, KALISH J, 1983. The structure of schools of giant bluefin tuna in cape cod bay[J]. Environmental biology of fishes, 9(3): 253-262.

PARTRIDGE B L, PITCHER T J, 1980. The sensory basis of fish schools: relative roles of lateral line and vision[J]. Journal of comparative physiology, 135: 315-325.

PITCHER T J, WYCHE C J, 1983. Predator avoidance behaviour of sand-eel schools: Why schools seldom split[J]. Predators and prey in fishes, 54: 193-204.

PITCHER T J, MAGURRAN AE, Winfield I J, 1982. Fish in larger shoals find food faster[J]. Behavioral ecology and sociobiology, 10(2): 149-151.

REYNOLDS C W, 1987. Flocks, herds and schools: a distributed behavioral model[J]. ACM SIGGRAPH computer graphics, 21(4): 25-34.

TAKAGI T, NASHIMOTO K, YAMAMOTO K, et al, 1993. Fish schooling behavior in water tanks of different shapes and sizes[J]. NIPPON SUISAN GAKKAISHI, 59(8): 1279-1287.

TERZOPOULOS D, TU X, GRZESZCZUK R, 1994. Artificial fishes: autonomous locomotion, perception, behavior, and learning in a simulated physical world[J]. Artificial life, 1(4): 327-351.

TOMBAK K J, REID A J, CHAPMAN C A, et al, 2012. Patch depletion behavior differs between sympatric folivorous primates[J]. Primates, 53(1): 57-64.

TU X, TERZOPOULOS D, 1994. Artificial fishes: physics, locomotion, perception, behavior[J]. ACM SIGGRAPH computer graphics, 28: 5-6.

VISCIDO S V, PARRISH J K, GRÜNBAUM D, 2005. The effect of population size and number of influential neighbors on the emergent properties of fish schools[J]. Ecological modelling, 183(2-3): 347-363.